上岗轻松学

机械识图快速入门

（第 2 版）

孙金风　尹业宏　编

机 械 工 业 出 版 社

本书通过大量三维立体图示例，深入浅出地介绍了阅读机械工程图样的原理和方法，力图使读者在较短的时间内了解和掌握识读机械图样的方法与技巧。本书共九章，主要内容包括：机械识图的基本知识，基本几何体三视图的识读，组合体三视图的识读，识图多解，视图、剖视图和断面图的识读，第三角视图的识读，标准件和常用件图样的识读，零件图的识读，装配图的识读。

本书在内容上突出实用性和针对性，可作为零起点读者的自学用书，也可作为职业鉴定培训机构的培训教材及职业院校的教学参考书。

图书在版编目（CIP）数据

机械识图快速入门/孙金风，尹业宏编. —2版. —北京：机械工业出版社，2019.9（2022.1重印）
（上岗轻松学）
ISBN 978-7-111-63039-5

Ⅰ.①机…　Ⅱ.①孙…②尹…　Ⅲ.①机械图–识图　Ⅳ.①TH126.1

中国版本图书馆CIP数据核字（2019）第233050号

机械工业出版社（北京市百万庄大街22号　邮政编码100037）
策划编辑：赵磊磊　侯宪国　责任编辑：赵磊磊
责任校对：王　欣　刘志文　封面设计：陈　沛
责任印制：张　博
保定市中画美凯印刷有限公司印刷
2022年1月第2版第2次印刷
169mm×239mm·13.25印张·267千字
3 001—4 000册
标准书号：ISBN 978-7-111-63039-5
定价：49.80元

电话服务　　　　　　　　　　　网络服务
客服电话：010–88361066　　　机　工　官　网：www.cmpbook.com
　　　　　010–88379833　　　机　工　官　博：weibo.com/cmp1952
　　　　　010–68326294　　　金　书　网：www.golden–book.com
封底无防伪标均为盗版　　　　　机工教育服务网：www.cmpedu.com

前　言

随着国民经济和现代科学技术的迅速发展，机械制造业迎来了前所未有的发展机遇，这对生产一线人员的素质提出了更高的要求，熟练识读机械图样成为机械行业技术工人必须掌握的基本技能。为了帮助刚刚参加工作的机械工人在较短的时间内快速了解和掌握识读机械图样的方法与技巧，编者结合多年工作实践和教学经验编写了本书。

本书主要有以下几个特点：

1. 针对初学者的学习特点，在编写过程中始终秉承"以识图教学为目的，以必需、够用为度，以掌握概念、强化应用为重点"的原则，在选材和结构体系上，力求适应初学者学习的需要，体现初学者教育的特色。

2. 配有大量三维立体图示例，生动直观，有利于读者学习。

3. 对于每一章或每个新问题，尽量从感性入手，逐步引入概念和定义进行分析，并附以应用示例；对于重点内容，则采用多次反复讲解的方式，使读者对问题的认识得以逐步深化和提高；每章配有识图实训，以利于读者巩固提高。

4. 内容力求文字简练、语言通俗易懂。采用双色印刷，突出重点内容，便于读者理解、掌握。

5. 全书采用现行技术制图、机械制图等国家标准。

本书由湖北工业大学孙金风、尹业宏共同编写。其中，孙金风和尹业宏共同编写了第一、二、三、五章，孙金风编写了第四、六、七、八、九章。全书由孙金风负责统稿和修改。

书中配图由湖北工业大学王长杰、吴龙、严浩、蔡志涛、江志鹏、邹征延、朱海峰、郑开元、刘权、郑森、张泽桥、陈智权、刘松、杨舟等学生协助完成，在此对他们表示感谢。此外，本书参考了大量的文献，在此对这些文献的作者表示感谢。

由于时间仓促，加之编写水平有限，书中难免存在不妥和错误之处，敬请读者批评指正。

编　者

目　录

第一章

机械识图的基本知识

第一节 图 样

一、机械图样的概念

在工程技术中，为了准确地表达机械、仪器、建筑物等的形状、结构和大小，根据投影原理、标准或有关规定表示工程对象，并有必要的技术说明的图，叫作图样。

不同性质的生产部门对图样有不同的要求。在建筑工程中使用的图样称为建筑图样，在机械工程中使用的图样称为机械图样。

二、机械图样的种类

机械图样按所表达的对象来分，有零件图、装配图、布置图、示意图和轴测图等，但工厂车间中常用的是零件图和装配图。零件图表达零件的形状、大小以及制造和检验零件的技术要求，如图 1-1 所示；装配图表达机械中所属各零件与部件间的装配关系和工作原理，如图 1-2 所示。

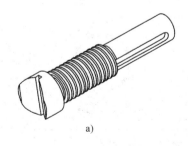

a)

图 1-1 千斤顶顶杆立体图和零件图

a）千斤顶顶杆立体图

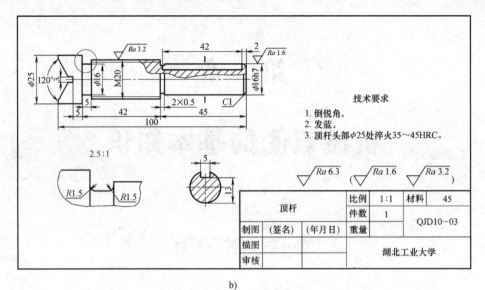

技术要求

1. 倒锐角。
2. 发蓝。
3. 顶杆头部φ25处淬火35～45HRC。

顶杆			比例	1:1	材料	45
			件数	1		QJD10-03
制图	（签名）	（年月日）	重量			
描图					湖北工业大学	
审核						

b)

图 1-1　千斤顶顶杆立体图和零件图（续）

b）千斤顶顶杆零件图

4	顶杆	1	45	
3	螺母	1	35	
2	方头长圆柱面球面端紧定螺钉	1	35	GB/T83-1988
1	支座	1	HT 150	
序号	名称	数量	材料	备注
千斤顶		比例	1:1	材料	
		件数			QJD10-00
制图	（签名）	（年月日）	重量		
描图					
审核			湖北工业大学		

a)   b)

图 1-2　千斤顶立体图和装配图

a）千斤顶立体图　b）千斤顶装配图

三、机械图样的作用与识读

由于机械图样根据统一的标准绘制，设计者和加工者不用见面，即可通过机械图样进行交流，因此，它是工厂组织生产、制造零件和装配机器的依据，是表达设计者设计意图的重要手段，是工程技术人员交流技术思想的重要工具，被誉为"工程界技术语言"。

机械识图是以机械图样作为研究对象的，即研究如何运用正投影基本原理，来阅读机械图样的课程。

第二节　图样的一般规定

一、图纸幅面及格式

1. 图纸幅面的规定

为了便于图样的绘制、使用和保管，图样均应画在国家规定幅面和格式的图纸上。标准的图纸幅面共有五种，其代号分别为 A0、A1、A2、A3、A4，其幅面尺寸见表 1-1。

表 1-1　图纸基本幅面代号和尺寸

幅面代号	A0	A1	A2	A3	A4
$B/\text{mm} \times L/\text{mm}$	841×1189	594×841	420×594	297×420	210×297
e/mm	20			10	
c/mm	10			5	
a/mm	25				

注：幅面代号的含义见图 1-4。

从表 1-1 可知，将 A0 号图幅长边对折一次得到 A1 号图幅，将 A1 号图幅长边对折可得到 A2 号图幅，依此类推，对折四次可得到 A4 号图幅，如图 1-3 所示。

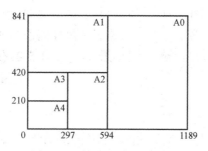

图 1-3　图纸幅面的尺寸关系

2. 图框格式

图框是指图纸上限定绘图区域的线框。图框线为粗实线，其格式分不留装订边和留装订边两种，但同一产品的图样只能采用一种格式，如图 1-4a、b 所示，其尺寸按表 1-1 的规定。

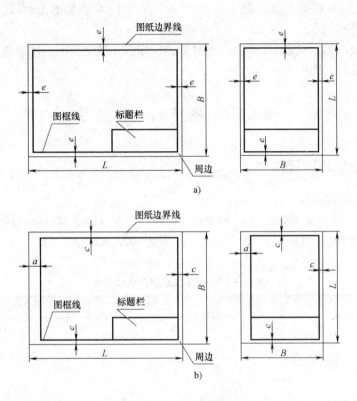

图 1-4　图纸的图框格式
a）无装订边　b）有装订边

3. 标题栏的格式和位置

标题栏用来注写零部件名称、所用材料、图形比例、图号、单位名称，以及设计、审核、批准等有关人员的签字，其格式和尺寸国家标准中已做规定，如图 1-5 所示。每张图纸上必须画出标题栏，标题栏应位于图框的右下角，看图的方向一般与标题栏的方向一致。

二、比例

比例是指图中图形与其实物相应要素的线性尺寸之比，比例符号以"："表示。

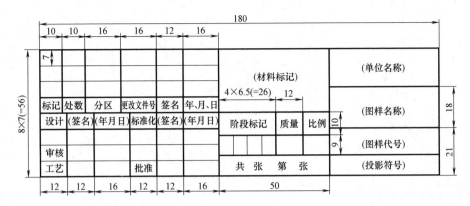

图 1-5 标题栏的格式

比例分原值比例、放大比例和缩小比例三种。比值为 1 的比例称为原值比例，即 1:1，这时图和实物一样大，有助于想象物体的空间形状；比值大于 1 的比例称为放大比例，如 2:1，这时图比实物大一倍；比值小于 1 的比例称为缩小比例，如 1:2，这时图比实物小一半。绘制机械图样时，应在表 1-2 所列的优先系列中选取适当比例，必要时也可在允许系列中选取比例。

表 1-2 绘图比例

种 类	优先使用系列	允许使用系列
原值比例	1:1	—
放大比例	5:1 2:1 $5 \times 10^n:1$ $2 \times 10^n:1$ $1 \times 10^n:1$	4:1 2.5:1 $4 \times 10^n:1$ $2.5 \times 10^n:1$
缩小比例	1:2 1:5 1:10 $1:2 \times 10^n$ $1:5 \times 10^n$ $1:1 \times 10^n$	1:1.5 1:2.5 1:3 1:4 1:6 $1:1.5 \times 10^n$ $1:2.5 \times 10^n$ $1:3 \times 10^n$ $1:4 \times 10^n$ $1:6 \times 10^n$

注：n 为正整数。

识读比例时必须注意的问题如下：

1）图样中，同一机件的各个视图的比例应相同，并在标题栏的比例栏中标注出来。当某个视图采用了另外一种比例时，则应在该视图名称的下方或右侧另标注出比例，见图 1-1 中局部放大图 "2.5:1"。

2）图样不论放大或缩小，图样上标注的尺寸均为机件的实际大小，而与采用的比例无关。图 1-6 所示为同一机件采用不同比例所画出的图形。

三、字体

在图样上除了表示机件形状的图形外还要用文字和数字来说明机件的大小、技

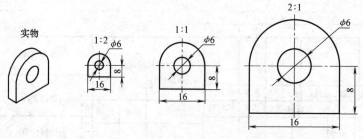

图1-6　图形比例和尺寸的关系

术要求和其他内容。

　　图样中的字体号数（即字体高度 h）分为：1.8mm、2.5mm、3.5mm、5mm、7mm、10mm、14mm、20mm。汉字应写长仿宋体，并采用国家正式公布推行的简化字。汉字的高度不应小于3.5mm，其字宽为字高（h）的 $1/\sqrt{2}$。

　　字母和数字分 A 型和 B 型，A 型字体的笔画宽度（d）为字高（h）的1/14，B 型字体的笔画宽度（d）为字高（h）的1/10，但在同一图样上，只允许选用一种形式。字母和数字可写成直体或斜体，常用斜体。斜体字字头向右倾斜，与水平基准线成75°角。

　　字体示例如图1-7所示。

10号字

字体工整笔画清楚间隔均匀排列整齐

7号字

横平竖直注意起落结构均匀填满方格

5号字

技术制图机械电子汽车航空船舶土木建筑矿山井坑港口纺织服装

3.5号字

螺纹齿轮端子接线飞行指导驾驶舱位挖填施工引水通风闸阀阀坝棉麻化纤

图1-7　字体示例

　　字母示例如图1-8所示。
　　数字示例如图1-9所示。
　　其他应用示例如图1-10所示。

A型斜体大写拉丁字母示例

A型斜体小写拉丁字母示例

图1-8　字母示例

A型斜体阿拉伯数字示例

A型斜体罗马数字示例

图1-9　数字示例

四、图线

机械图样中的图线分为粗、细两种。粗线的宽度 d 应按照图的大小和复杂程度，在 0.13mm、0.18mm、0.25mm、0.35mm、0.5mm、0.7mm、1mm、1.4mm、2mm 之间选择，细线的宽度约为 $d/2$。图线的名称、线型、宽度和主要用途见表1-3。在同一图样中，同类图线的宽度应基本一致。常用图线的应用示例如图1-11所示。

$$10^3 \quad S^{-1}D_1 \qquad T_d$$

$$\phi 20^{+0.010}_{-0.023} \qquad 7^{\circ}{}^{+1^{\circ}}_{-2^{\circ}} \qquad \frac{3}{5}$$

$$10JS5(\pm 0.003) \qquad M24{-}6h$$

$$\phi 25\frac{H6}{m5} \quad \frac{II}{2:1} \qquad R8 \quad 5\%$$

图 1-10　其他应用示例

表 1-3　各图线的名称、线型、线宽和主要用途

图线名称	代码	线型	线宽	一般应用
细实线	01. 1	 ———————	$\approx d/2$	1. 过渡线 2. 尺寸线 3. 尺寸界线 4. 指引线和基准线 5. 剖面线 6. 重合断面轮廓线
波浪线	01. 1	 ∿∿∿	$\approx d/2$	1. 断裂处边界线 2. 视图与剖视图的分界线
双折线	01. 1	 ─╱─╱─	$\approx d/2$	1. 断裂处边界线 2. 视图与剖视图的分界线
粗实线	01. 2	 ━━━━━	d	1. 可见棱边线 2. 可见轮廓线 3. 相贯线 4. 螺纹牙顶线
细虚线	02. 1	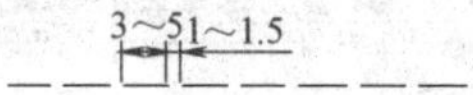 - - - -	$\approx d/2$	1. 不可见棱边线 2. 不可见轮廓线
粗虚线	02. 2	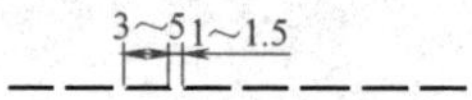 ▬ ▬ ▬	d	允许表面处理的表示线
细点画线	04. 1	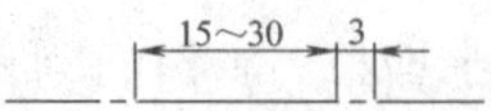 —·—·—	$\approx d/2$	1. 轴线 2. 对称中心线 3. 分度圆（线）
粗点画线	04. 2	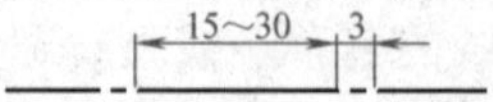 ━·━·━	d	限定范围表示线
细双点画线	05. 1	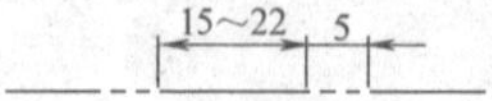 —··—··—	d	1. 相邻辅助零件的轮廓线 2. 可动零件的极限位置的轮廓线

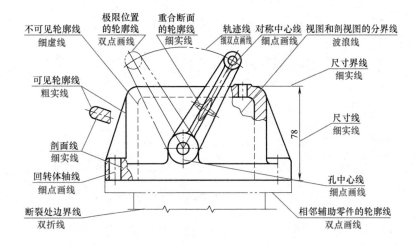

图 1-11 常用图线的应用示例

五、尺寸注法

在图样中，图形只能表达机件的形状，而机件的大小则由标注的尺寸确定，与图形的大小及绘图的准确度无关。图样上所标注的尺寸是最后完工尺寸，否则另加说明。

1. 尺寸标注的组成

一个完整的尺寸标注由尺寸界线、尺寸线、尺寸线终端和尺寸数字（包括符号及缩写词）组成，其标注示例如图 1-12 所示。

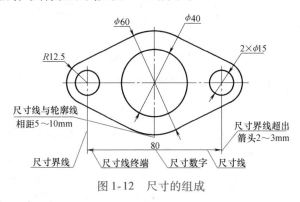

图 1-12 尺寸的组成

（1）尺寸界线 尺寸界线用来限定尺寸度量的范围，一般用细实线表示，也可用轴线、中心线或轮廓线作为尺寸界线，如图 1-13 所示。尺寸界线应与尺寸线垂直，必要时才允许倾斜，参照表 1-5 中第 8、9 项中所示的方法注写。

（2）尺寸线 尺寸线表示度量尺寸的方向，必须用细实线单独绘出，不得由其他任何线段代替，也不得画在其他图线的延长线上，如图 1-14b 中红色尺寸为错

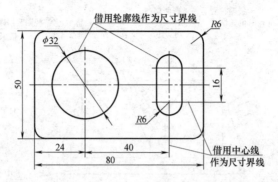

图1-13 尺寸界线标注示例

误标注。线性尺寸的尺寸线应与所标注的线段平行，相互平行的尺寸线，大尺寸在外，小尺寸在内，以避免尺寸界线与尺寸线相交，且平行尺寸线间的间距尽量保持一致，一般为5~10mm，以便注写尺寸数字和有关符号。尺寸界线超出尺寸线箭头2~3mm，如图1-14a所示。

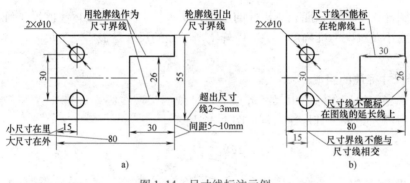

图1-14 尺寸线标注示例
a）正确 b）错误

（3）尺寸线终端 尺寸线终端有两种形式：箭头和细斜线，如图1-15所示。机械图样中一般采用箭头作为尺寸线的终端，箭头的尖端与尺寸界线接触，不得超出也不得离开。

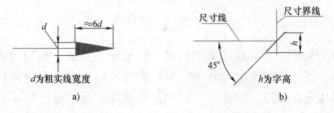

图1-15 尺寸线终端的两种形式
a）箭头终端画法 b）细斜线终端画法

当尺寸线太短，没有足够的位置画箭头时，允许将箭头画在尺寸线外边；标注连续的小尺寸时可用圆点代替箭头，参照表1-5第7项中所示的方法注写。

（4）尺寸数字　尺寸数字表示尺寸的大小。线性尺寸数字一般注写在尺寸线的上方，也允许注写在尺寸线的中断处，字头朝上；垂直方向的尺寸数值应注写在尺寸线的左侧，字头朝左；倾斜方向的尺寸数字，应保持字头向上的趋势。线性尺寸数字的方向一般应按表1-5第1项中所示的方法注写。

国家标准还规定了一些注写在尺寸数字周围的尺寸标注的符号及缩写词，见表1-4。例如：在标注直径时，应在尺寸数字前加"φ"；标注半径时，应在尺寸数字前加"R"（通常对小于或等于半圆的圆弧注半径，大于半圆的圆弧则注直径）。在标球面的直径或半径时，应在符号"φ"或"R"前加注符号"S"，可参阅表1-5。

表1-4　尺寸标注的符号及缩写词

序号	含义	符号或缩写词	序号	含义	符号或缩写词	序号	含义	符号或缩写词
1	直径	φ	6	均布	EQS	11	埋头孔	∨
2	半径	R	7	45°倒角	C	12	弧长	⌒
3	球直径	Sφ	8	正方形	□	13	斜度	∠
4	球半径	SR	9	深度	↓	14	锥度	◁
5	厚度	t	10	沉孔或锪平	⊔	15	展开长	↺

2. 图样中尺寸的识读

1）机件的真实大小应以图样上所注的尺寸数值为依据，与图形的大小和准确性无关。

2）机械图样中（包括技术要求和其他说明）的线性尺寸以毫米（mm）为单位。以毫米为单位时，不需注明单位符号或名称，若采用其他单位，如英寸、角度等则必须注明。

3）图样中所标注的尺寸，为该图样所表示机件的最后完工尺寸，否则应另加说明。

4）机件的每个尺寸，一般只标注一次，并应标注在反映该结构最清晰的图形上。

3. 尺寸标注示例

常见的尺寸标注示例见表1-5。

表1-5　尺寸标注示例

序号	标注内容	示　例	说　明
1	线性尺寸	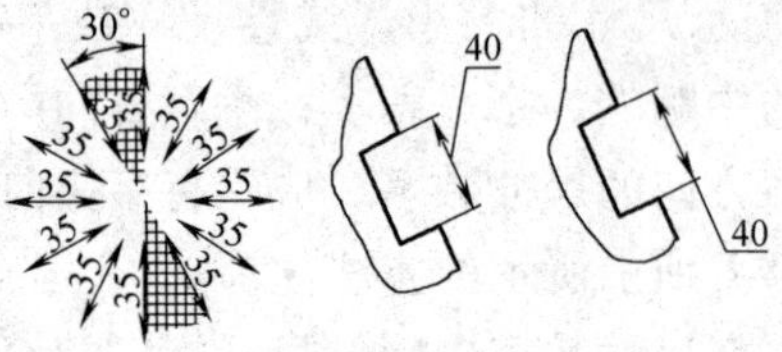	尺寸数字应按左图所示的方向注写，并尽可能避免在图示30°范围内标注尺寸，当无法避免时，可按右两图的形式标注
2	角度	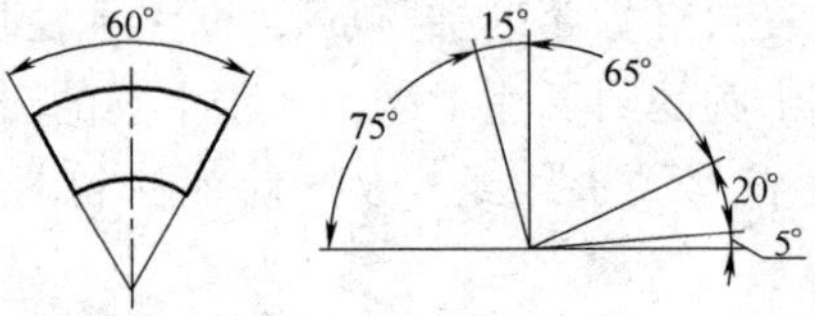	角度的尺寸界线沿径向引出，尺寸线画成圆弧，圆心是角的顶点 角度的数字一律水平书写，一般应注在尺寸线的中断处，必要时也可标注在尺寸线的上方、外面或引线标出
3	弦长和弧长	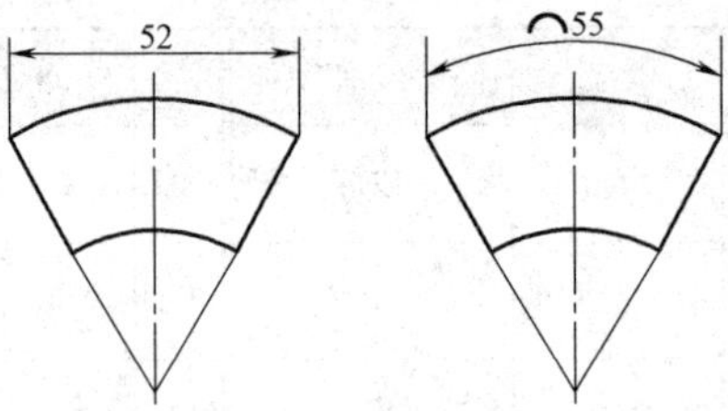	标注弦长和弧长时，如这两个例图所示，尺寸界线应平行于弦的垂直平分线，标注弧长尺寸时，尺寸线用圆弧，并应在尺寸数字左方加注符号"⌒"
4	圆及圆弧	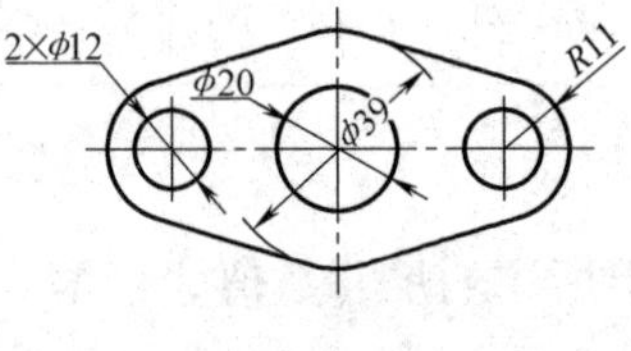 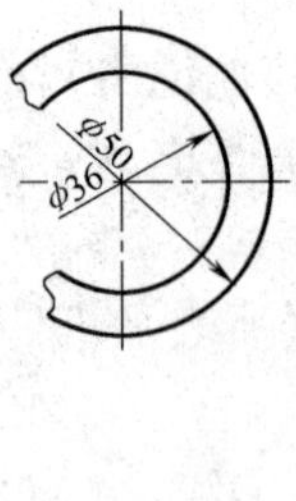	直径、半径的尺寸数字前应分别加符号"ϕ""R"。通常对小于或等于半圆的圆弧注半径，大于半圆的圆弧则注直径 相同尺寸的圆孔，只在一个圆孔上标注直径尺寸，并在前加注"个数×"，如图中"$2 \times \phi12$"。但相同尺寸的圆弧，只在一个圆弧上标注半径尺寸，如图中"$R11$" 同心圆弧应标直径，如图中"$\phi39$"。不完整圆标注如图"$\phi36$""$\phi50$"
5	图线通过尺寸数字时的处理		尺寸数字不可被任何图线通过。当尺寸数字无法避免被图线通过时，图线必须断开，如图中"$\phi39$"处的圆弧断开，"$\phi36$""$\phi50$"处的点画线断开
6	球面	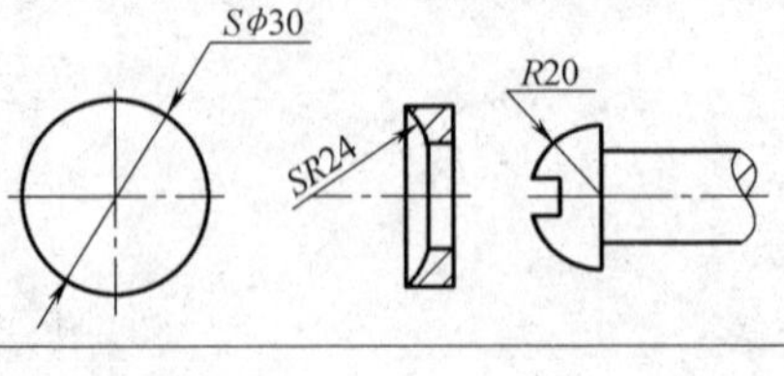	标注球面的尺寸，应在ϕ或R前加注"S" 对于螺钉、铆钉头部，轴和手柄的端部等，在不至于引起误解的情况下，可省略符号"S"

（续）

序号	标注内容	示　例	说　明
7	小尺寸	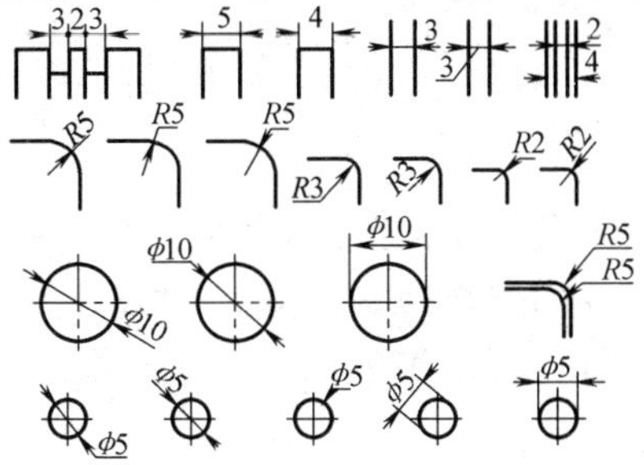	没有足够位置时，箭头可画在尺寸界线的外面，用小圆点代替两个箭头；尺寸数字也可写在外面或引出标注，圆和圆弧的小尺寸可按这些图例标注
8	光滑过渡处的尺寸	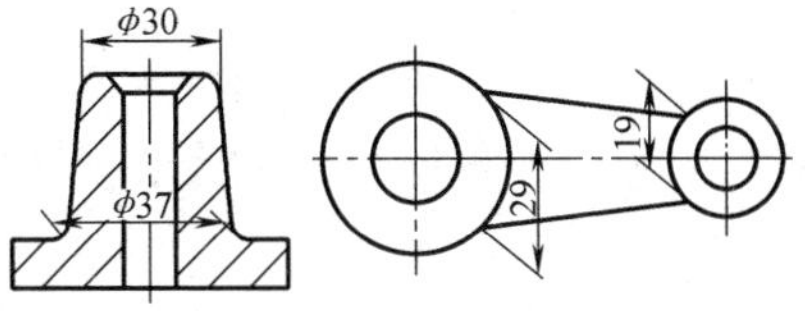	在光滑过渡处，必须用细实线将轮廓线延长，并从它们的交点引出尺寸界线
9	允许尺寸界线倾斜		尺寸界线一般应与尺寸线垂直，必要时允许倾斜。如左侧例图所示，若这里的尺寸界线垂直于尺寸线，则图线很不清晰，因而允许倾斜
10	正方形结构	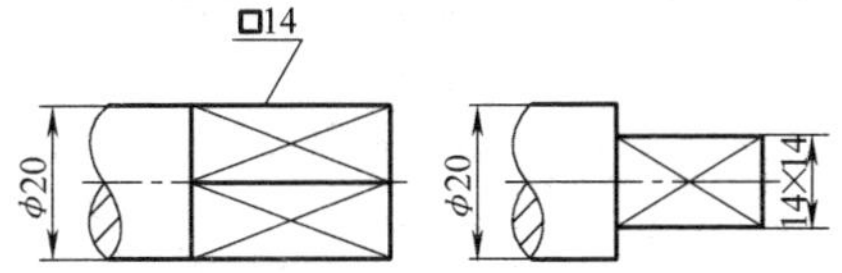	如例图所示，标注机件的断面为正方形结构的尺寸时，可在边长尺寸数字前加注符号"□"，或用 14 × 14 代替□ 14。图中相交的两条细实线是平面符号（当图形不能充分表达平面时，可用这个符号表示平面）
11	斜度和锥度	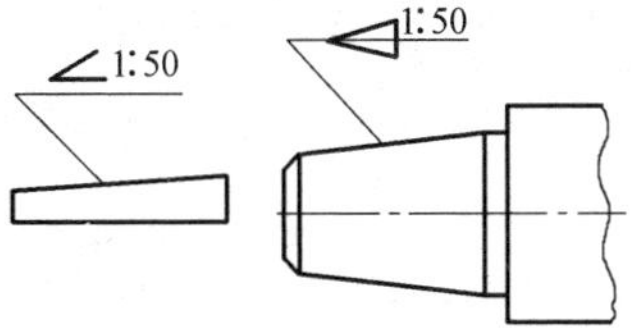	斜度、锥度可用左侧两个例图中所示的方法标注，符号的方向应与斜度、锥度的方向一致
12	对称机件只画出一半或大于一半时	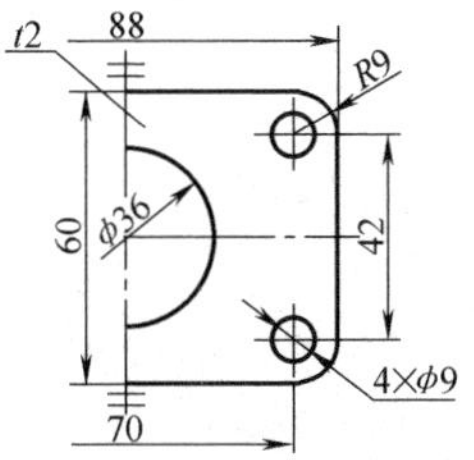	尺寸线应略超过对称中心线或断裂处的边界线，仅在尺寸线的一端画出箭头。图中在对称中心线两端分别画出两条与其垂直的平行细实线是对称符号
13	板状零件		标注薄板状零件的尺寸时，可在厚度的尺寸数字前加注符号"t"
14	大圆弧	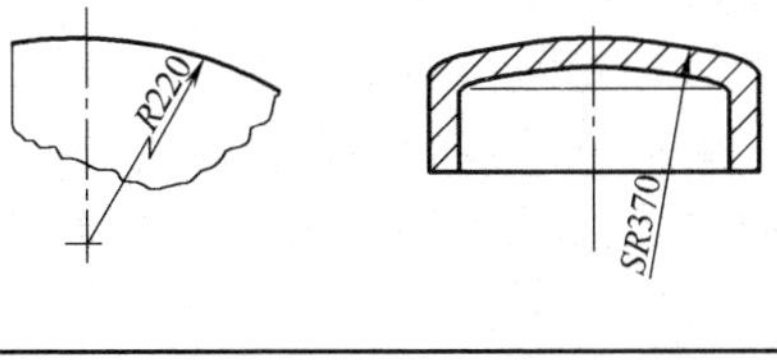	在图纸范围内无法标出大圆弧的圆心位置时，可按左图标注；不需标出圆心位置时，可按右图标注

第三节　正投影和视图

一、投影的概念

在日常生活中，人们看到太阳光或灯光照射物体时，在地面或墙壁上出现物体的影子，这就是一种投影现象。我们把光源（电灯）中心称为投射中心，光线称为投射线，地面或墙壁称为投影面，影子称为物体在投影面上的投影，如图 1-16 所示。

这种由投射中心发出的投射线通过物体，在选定的投影面上得到图形的方法，称为投影法。

1. 中心投影法

投射中心距离投影面在有限远的地方，投射时投射线交会于投射中心的投影法称为中心投影法，如图 1-16a 所示。

中心投影法的优点是有立体感，工程上常用这种方法绘制建筑物的透视图，如图 1-16b 所示。其缺点是不能真实地反映物体的形状和大小，不适用于绘制机械图样。

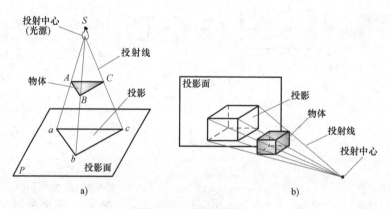

图 1-16　中心投影法

2. 平行投影法

投射中心距离投影面在无限远的地方，投射时投射线都相互平行的投影法称为平行投影法，如图 1-17 所示。

根据投射线与投影面是否垂直，平行投影法又可以分为两种：

1）斜投影法——投射线与投影面相倾斜的平行投影法，如图 1-17a 所示。

2）正投影法——投射线与投影面相垂直的平行投影法，如图 1-17b 所示。

正投影法的优点：能够表达物体的真实形状和大小，作图方法也较简单，所以广泛用于绘制机械图样。其缺点是立体感差，一般不易看懂，必须通过系统学习才

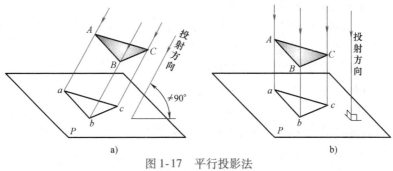

图 1-17 平行投影法

a）斜投影法 b）正投影法

能掌握。

二、三视图的形成与投影规律

在机械制图中，通常假设人的视线为一组平行的，且垂直于投影面的投射线，这样在投影面上所得到的正投影称为视图。

一般情况下，一个视图不能确定物体的形状。图 1-18 所示为三个形状不同的物体，它们在投影面上的投影都相同，如果不附加条件，是不能确定物体形状的。因此，要反映物体的完整形状，必须增加由不同投射方向所得到的几个视图（图 1-19），互相补充，才能将物体表达清楚。

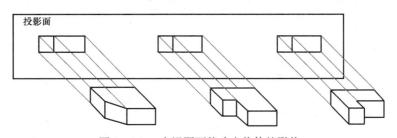

图 1-18 一个视图不能确定物体的形状

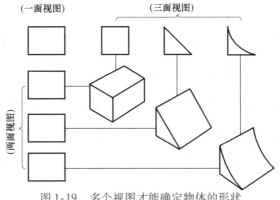

图 1-19 多个视图才能确定物体的形状

1. 三投影面体系与三视图的形成

（1）三投影面体系的建立　三投影面体系由三个互相垂直的投影面所组成，如图1-20所示。在三投影面体系中，三个投影面分别为：

正立投影面，简称为正面，用 V 表示。

水平投影面，简称为水平面，用 H 表示。

侧立投影面，简称为侧面，用 W 表示。

三个投影面的相互交线，称为投影轴。它们分别是：

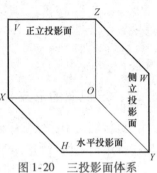

图1-20　三投影面体系

OX 轴——V 面和 H 面的交线，表示长度方向。

OY 轴——H 面和 W 面的交线，表示宽度方向。

OZ 轴——V 面和 W 面的交线，表示高度方向。

三个投影轴垂直相交的交点 O，称为原点。

（2）三视图的形成　将物体放在三投影面体系中，物体的位置处在人与投影面之间，然后将物体对各个投影面进行投射，得到三个视图，这样才能把物体的长、宽、高三个方向，上下、左右、前后六个方位的形状表达出来，如图1-21a所示。三个视图分别为：

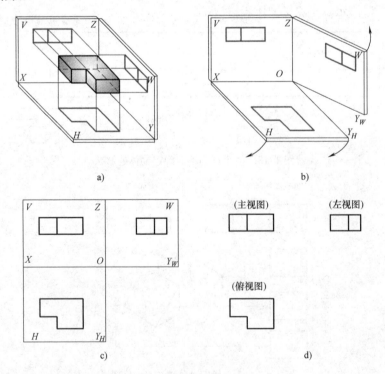

图1-21　三视图的形成与展开

主视图——从前往后进行投射，在正立投影面（V面）上所得到的视图。

俯视图——从上往下进行投射，在水平投影面（H面）上所得到的视图。

左视图——从左往右进行投射，在侧立投影面（W面）上所得到的视图。

（3）三投影面体系的展开　在实际作图中，为了画图方便，需要将三个投影面在一个平面（纸面）上表示出来，具体方法为：正面（V）不动，水平面（H）绕OX轴向下转动90°，侧面（W）绕OZ轴向右转90°，使三个互相垂直的投影面展开在一个平面上，如图1-21b、c所示。为了识图方便，把投影面的边框和投影轴去掉，得到图1-21d所示的三视图。可以看出，俯视图在主视图的下方，左视图在主视图的右方。

2. 三视图的投影规律

从图1-22可以看出，一个视图只能反映两个方向的尺寸，主视图反映了物体的长度和高度，俯视图反映了物体的长度和宽度，左视图反映了物体的宽度和高度。由此可以归纳出三视图的投影规律：

主、俯视图"长对正"（即等长）。

主、左视图"高平齐"（即等高）。

俯、左视图"宽相等"（即等宽）。

三视图的投影规律反映了三视图的重要特性，也是绘图和识图的依据。无论整个物体（图1-22b）还是物体的局部（图1-22c红色部分），其三面投影都必须符合这一规律。

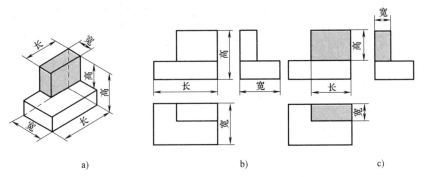

图1-22　三视图的投影关系

3. 三视图与物体方位的对应关系

当物体在三投影面体系中的位置确定后，距观察者近的是物体的前面，距观察者远的是物体的后面，同时物体的上、下和左、右的方位关系也确定下来，如图1-23a所示。这六个方位在三视图中的对应关系如图1-23b所示。

主视图反映了物体的上、下和左、右四个方位关系。

俯视图反映了物体的前、后和左、右四个方位关系。

左视图反映了物体的上、下和前、后四个方位关系。

这六个方位在三视图中的对应关系要求初学者必须熟记。

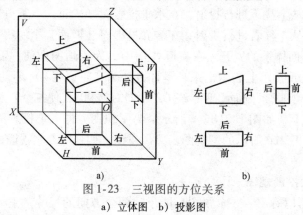

图 1-23　三视图的方位关系

a）立体图　b）投影图

✐ **注意**：在识图过程中，应以主视图为中心，俯视图、左视图靠近主视图的一侧为物体的后面，远离主视图的一侧为物体的前面。

三、三视图的识读

识读三视图，就是把三视图的平面图形想象出物体的空间形状的过程。下面通过具体的举例，来讨论三视图的识读方法和步骤。

例：识读镶块的三视图，如图 1-24 所示。

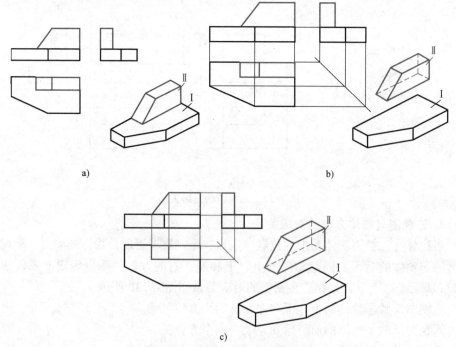

图 1-24　镶块三视图的识读过程

1）以三视图的投影规律分析三视图，划分基本体。从图 1-24a 给出镶块的三个视图可知，左上角那个图为主视图，右上角那个图为左视图，主视图下方的那个图为俯视图。以主、俯视图长对正，主、左视图高平齐，俯、左视图宽相等的三视图投影关系来分析镶块的三个视图，得知镶块由底板Ⅰ和竖立在底板上的立板Ⅱ两个基本体构成。

2）根据划分的基本体三视图，想出各部分的空间几何形状。底板Ⅰ在俯视图上的投影有特征，在主视图和左视图上的投影为矩形框，它的空间形状是一平放的五边形块，如图 1-24b 所示。立板Ⅱ在主视图上的投影有特征，在俯视图和左视图上的投影为矩形框，其空间形状为一个梯形块，如图 1-24c 所示。

3）分析基本体在视图中的方位，综合起来想象出物体完整的空间形状。由主视图和俯视图或主视图和左视图可知，立板Ⅱ在底板Ⅰ的上面，且它们的右端和后面是平齐的；由俯视图和左视图可知，立板Ⅱ在底板Ⅰ的上面，且后面和右端也是平齐的，综合以上分析，可以想象出托架的整体形状，如图 1-24a 中立体图所示。

值得注意的是：在识读三视图时，一个视图不能反映物体的全部形状，必须将三个视图联系起来看。

由此可知三视图的识读方法和步骤：

① 分析视图，划分基本体。

② 根据基本体的三视图，想象各部分的形状。

③ 分析基本体在视图中的方位，综合起来想象物体的整体形状。

四、物体上点、线、面的三面投影

每个物体的形状都可以看成是由点、线、面等几何元素所组成。如图 1-25 所示的正三棱锥体，其外表是由棱面 △SAB、△SBC、△SCA 及底面 △ABC 所组成，各表面分别交于棱线 SA、SB 等，各棱线交会于顶点 A、B、C、S。因此，每投影面上的投影，都包含着这些几何元素的投影，只有熟练掌握它们的投影规律和特征，才能透彻理解机械图样上的点、线、面所表达的内容。

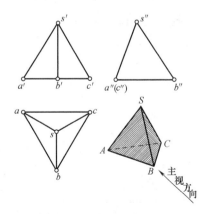

图 1-25 正三棱锥体上的点、线、面的投影分析

1. 物体上点的三面投影

点是最简单的几何元素，现取正三棱锥体上的点 A 来单独研究它的投影规律。为了学习上的方便，我们规定正三棱锥体上的点用大写字母表示，如图 1-26 中 A 点；同一个点的水平投影、正面投影和侧面投影，则分别用相应的小写字母 a、a'、a″ 表示。

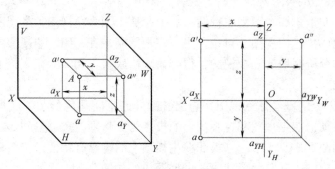

图 1-26 点的三面投影

在任何情况下，物体上点的三面投影，应保持如下的投影关系：

1）点的正面投影和侧面投影位于同一条垂直于 Z 轴的直线上（$a'a''$ 垂直于 OZ 轴）。

2）点的正面投影和水平投影位于同一条垂直于 X 轴的直线上（$a'a$ 垂直于 OX 轴）。

3）点的水平投影到 OX 轴的距离等于该点的侧面投影到 OZ 轴的距离，即 $aa_X = a''a_Z$（可以用 45°辅助线或以原点为圆心作弧线来反映这一投影关系）。

由上可知，已知物体上某一点的两面投影，就可根据"长对正，高平齐、宽相等"的投影规律求出该点的第三投影。

2. 物体上直线的投影

（1）直线与单个投影面的相对位置和投影特性 直线与单个投影面有平行、垂直和倾斜三种位置关系，如图 1-27 中红色线段所示。其投影特性是：

1）直线垂直于投影面。直线的投影积聚为一点，这种性质称为积聚性，如图 1-27a 所示。因点 B 在点 A 的下方为不可见（规定被遮挡的点应加括号表示），其投影用"(b)"表示。

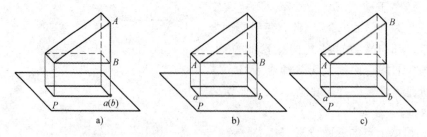

图 1-27 直线的投影特性

a）垂直于投影面（积聚性） b）平行于投影面（真实性） c）倾斜于投影面（类似性）

2）直线平行于投影面。直线的投影反映实长，这种性质称为真实性，如图

1-27b所示。

　　3）直线倾斜于投影面。直线的投影比实长短，这种性质称为类似性，如图1-27c所示。

　　（2）物体上直线的三面投影特点　将物体置于三投影面体系中，根据物体上直线（即棱线）与投影面的相对位置可分为：垂直于某一投影面的直线称为投影面垂直线（简称垂直线）；平行于某一投影面的直线称为投影面平行线（简称平行线）；与三个投影面都倾斜的直线称为一般位置直线（简称倾斜线），其中垂直线和平行线又称特殊位置直线。物体上各类直线的投影特点，见表1-6。

表1-6　物体上各类直线的投影特点

线　型		轴　测　图	三　视　图	特　点
投影面的平行线	正平线	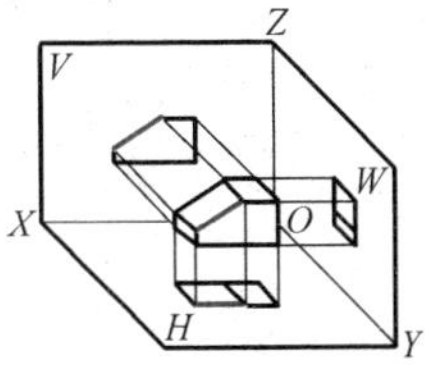	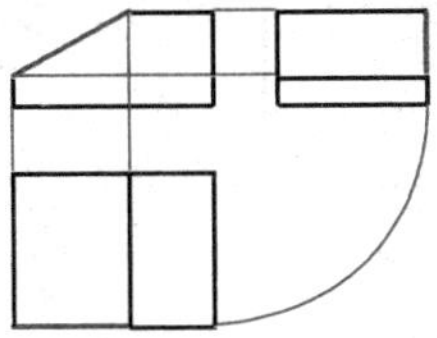	在 V 面上的投影是一条反映实长的斜线；而其余两个投影是平行坐标轴的线段，长度小于实长
	水平线	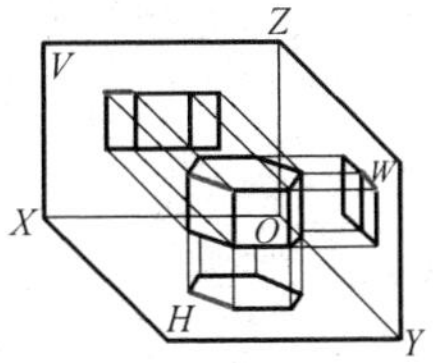	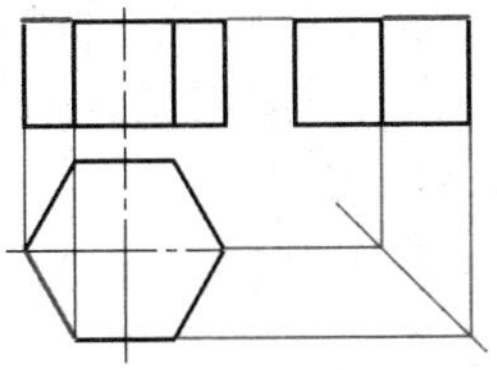	在 H 面上的投影是一条反映实长的斜线；而其余两个投影是平行坐标轴的线段，长度小于实长
	侧平线	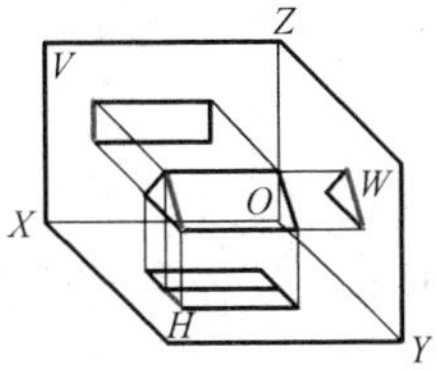	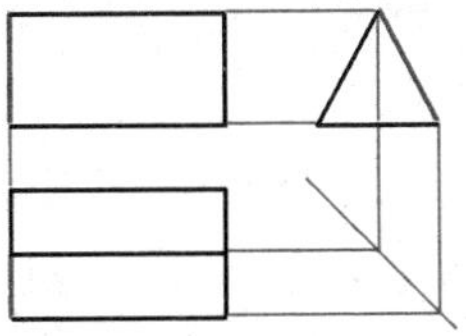	在 W 面上的投影是一条反映实长的斜线；而其余两个投影是平行于坐标轴的线段，但长度小于实长
投影面的垂直线	正垂线	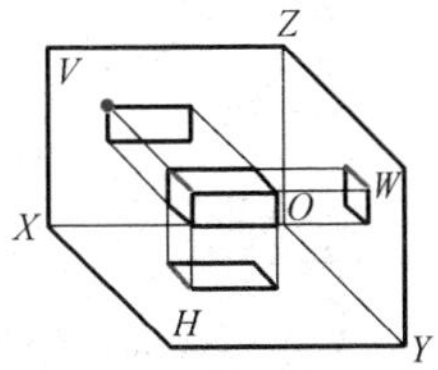	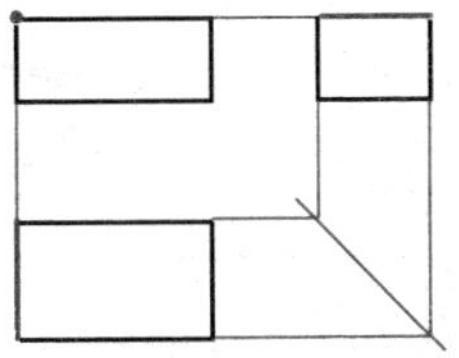	在 V 面上的投影积聚成一点；其余的两个投影是反映实长的线段
	铅垂线	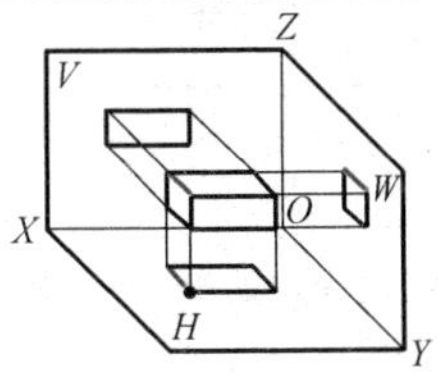	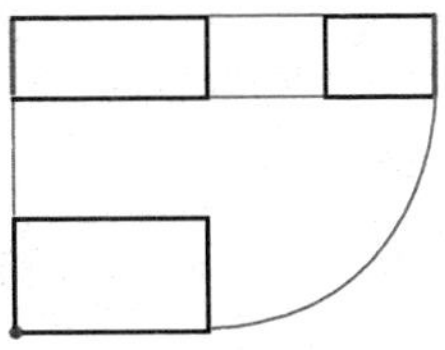	H 面上的投影积聚成一点；其余的两个投影是反映实长的线段

（续）

线　　型		轴　测　图	三　视　图	特　　点
投影面的垂直线	侧垂线			在 W 面上的投影积聚成一点；其余的两个投影是反映实长的线段
一般位置直线				在三个投影面上的投影都为比原直线短的线段

由表1-6所列各图可归纳出物体上直线的三面投影有如下特点：

1）投影面垂直线。在所垂直的投影面上的投影积聚为一点，另两个投影反映实长。

2）投影面平行线。在所平行的投影面上的投影反映实长，另两个投影长度缩短。

3）一般位置直线。对三个投影面都倾斜的直线，其三个投影长度都缩短。

3. 物体上平面的投影

（1）平面与单个投影面的相对位置和投影特性　平面与单个投影面也有平行、垂直和倾斜三种位置关系，如图1-28中红色平面所示，其投影特性是：

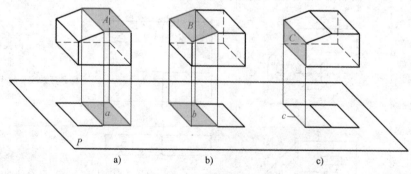

图 1-28　平面的投影特性

a）平行于投影面（真实性）　b）倾斜于投影面（类似性）　c）垂直于投影面（积聚性）

1）平面平行于投影面。平面的投影反映实形，称为真实性。

2）平面垂直于投影面。平面的投影积聚为一条直线，称为积聚性。

3）平面倾斜于投影面。平面的投影为小于原形的类似形，称为类似性。

（2）物体上平面的三面投影特点　将物体置于三投影面体系中，根据物体上平面与投影面的相对位置，可分为投影面垂直面，投影面平行面和一般位置平面，其中垂直面和平行面又称特殊位置平面。物体上平面的投影特点，见表1-7。

表1-7　物体上各类平面的投影特点

线　型		轴　测　图	三　视　图	特　点
投影面的平行面	正平面			在 V 面上反映真实形状；另外两个投影面上的投影，积聚成与坐标轴平行的直线
	水平面			在 H 面上反映真实形状；另外两个投影面上的投影，积聚成与坐标轴平行的直线
	侧平面			在 W 面上反映真实形状；另外两个投影面上的投影，积聚成与坐标轴平行的直线
投影面的垂直面	正垂面			在 V 面上的投影，积聚成一条倾斜的直线；在另外两个投影面上的投影为原平面的类似形，但形状缩小

（续）

线　型		轴　测　图	三　视　图	特　点
投影面的垂直面	铅垂面	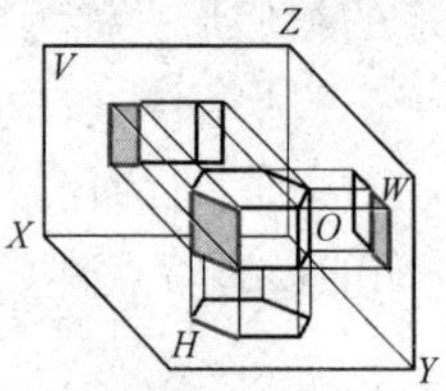	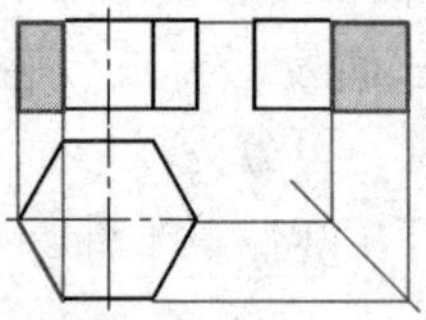	在 H 面上的投影，积聚成一条倾斜的直线；在另外两个投影面上的投影为原平面的类似形，但形状缩小
	侧垂面	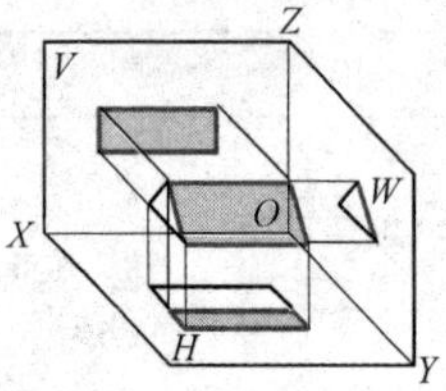	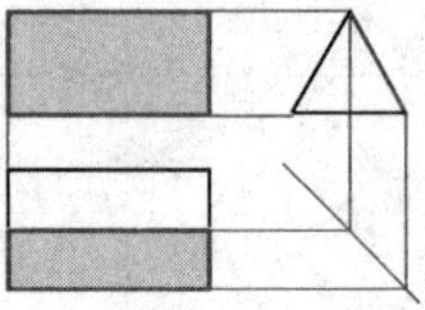	在 W 面上的投影，积聚成一条倾斜的直线；在另外两个投影面上的投影为原平面的类似形，但形状缩小
一般位置平面		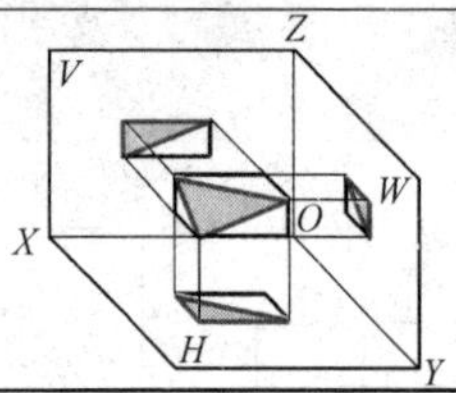	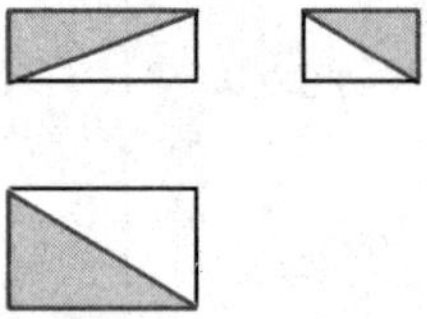	在三个投影面上的投影都为原平面的类似形

由表1-7所列各图可归纳出物体上平面的三面投影有如下特点：

1）投影面垂平面。在所垂直的投影面上的投影积聚为一线，另两个投影面上的投影为原平面的类似形状，但形状缩小。

2）投影面平行面。在所平行的投影面上的投影反映真是形状，另两个投影面上的投影，积聚成与坐标轴平行的直线。

3）一般位置平面。在三个投影面上的投影都为原平面的类似形，形状缩小了。

识图实训一

1-1　读懂题目含义，选择正确的答案。

1. 图样中，机件的可见轮廓线用（　　）画出，不可见轮廓线用（　　）画出，尺寸线和尺寸界线用（　　）画出，对称中心线和轴线用（　　）画出。

　　A. 细虚线　　　　B. 粗实线　　　　C. 细点画线　　　　　　D. 细实线

2. 三视图的投影规律是：主视图与俯视图（　　），主视图与左视图（　　），俯视图与左视图（　　）

　　A. 高平齐　　　　B. 长对正　　　　C. 宽相等　　　　　　　D. 没有关系

3. 物体有上、下，左、右，前、后六个方位，主视图反映了物体的（　　）

和（　　）方位，俯视图反映了物体的（　　）和（　　）方位，左视图反映了物体的（　　）和（　　）方位。

A. 上、下　　　　B. 左、右　　　　C. 前、后

4. 某图样按照 1∶2 比例绘制，图中某尺寸的尺寸数字为 20，则该尺寸表示机件的真实大小为（　　）。

A. 10　　　　　　B. 20　　　　　　C. 40

5. 下面哪类直线在三面投影中均不能反映直线的实长（　　）。

A. 正平线　　　　B. 侧垂线　　　　C. 一般位置直线　　　　D. 铅垂线

1-2　识读下图中的尺寸，分析其错误并重新进行正确标注。

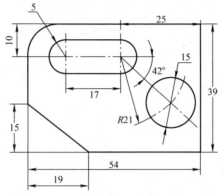

1-3　识读立体图和三视图，将立体图下的字母填入相应的括号中。

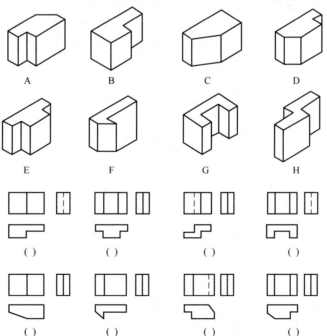

1-4 识读立体图和三视图，指出直线的类别。

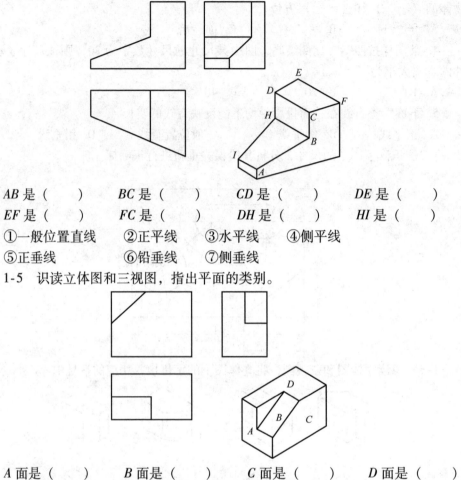

AB 是（　　）　　　BC 是（　　）　　　CD 是（　　）　　　DE 是（　　）

EF 是（　　）　　　FC 是（　　）　　　DH 是（　　）　　　HI 是（　　）

①一般位置直线　　　②正平线　　　③水平线　　　④侧平线

⑤正垂线　　　　　　⑥铅垂线　　　⑦侧垂线

1-5 识读立体图和三视图，指出平面的类别。

A 面是（　　）　　　B 面是（　　）　　　C 面是（　　）　　　D 面是（　　）

①一般位置平面　　　②正平面　　　③水平面　　　④侧平面

⑤正垂面　　　　　　⑥铅垂面　　　⑦侧垂面

第二章

基本几何体三视图的识读

第一节　基本几何体三视图

机器上的零件，不论形状多么复杂，都可以看作是由基本几何体（即构成组合体的最小单元）按照不同的方式组合而成的，如图2-1所示。

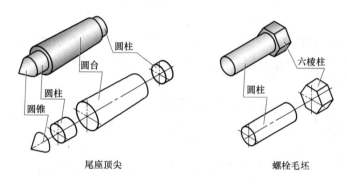

尾座顶尖　　　　　　　　　　　螺栓毛坯

图 2-1　机械零件的组成

基本几何体按其表面性质可以分为平面立体和曲面立体两类。本节主要介绍常见基本几何体的投影特点及其三视图特征。

一、平面立体三视图

表面均由平面构成的立体称为平面立体，平面立体上相邻两表面的交线称为棱线。常见的平面立体有棱柱、棱锥和棱台等。

1. 棱柱

顶面和底面相互平行，其余每相邻两个面的交线（棱线）都相互平行的平面立体称为棱柱。

以正六棱柱为例，讨论其投影特点。图2-2a、b所示位置放置正六棱柱时，其顶面和底面为水平面，它们的水平投影重合并反映实形（正六边形 *ABCDEF*），正面及侧面投影积聚为两条相互平行的直线。六个棱面中的前、后两个面为正平面，它们的正面投影反映实形，水平投影及侧面投影积聚为直线。其余四个棱面均为铅垂面，它们的水平投影都积聚成直线，与六边形的边重合，而正面投影和侧面投影均为类似形的矩形线框。

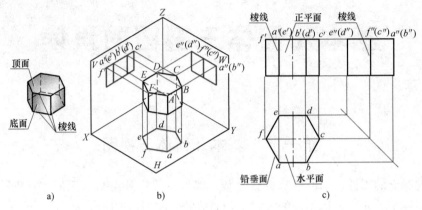

图 2-2　正六棱柱的三视图

由以上分析可知此正六棱柱的三视图特征：一个视图有积聚性，反映棱柱形状特征；另两个视图的外形轮廓均为矩形线框，线框内的线段为某些铅垂面棱线的投影，如图 2-2c 所示。

应当指出，当棱柱的形体和方位发生变化时，其三视图中的形状、方位和线型也会发生相应变化，常见棱柱不同方位的三视图如图 2-3 所示。

2. 棱锥

有一个面为多边形，其余各面都是有一个公共顶点的三角形平面立体称为棱锥。

以正三棱锥为例，讨论其投影特点。按图 2-4a、b 所示方位放置正三棱锥时，由于锥底面△ABC 为水平面，所以它的水平投影反映实形（正三角形 abc），正面投影和侧面投影分别积聚为直线段 a'b'c' 和 a″ (c″) b″。棱面△SAC 为侧垂面，它的侧面投影积聚为一段斜线 s″a″ (c″)，正面投影和水平投影为类似形 △s'a'c' 和 △sac。棱面△SAB 和△SBC 均为一般位置平面，它们的三面投影均为比原棱面小的三角形（类似形），正面投影和水平投影可见，侧面投影△s″ (c″) b″重合于可见的△s″a″ b″中。

由以上分析可知棱锥的三视图特征：一个视图外形为多边形，多边形内的线分别为某些侧棱线的投影；另两个视图的外形轮廓均为三角形线框，线框内的线段为某些侧锥面棱线的投影，如图 2-4c 所示。

同棱柱一样，当棱锥的形体和方位发生变化时，其三视图中的形状、方位和线型也会发生相应变化。常见几种棱锥的三视图比较如图 2-5 所示。

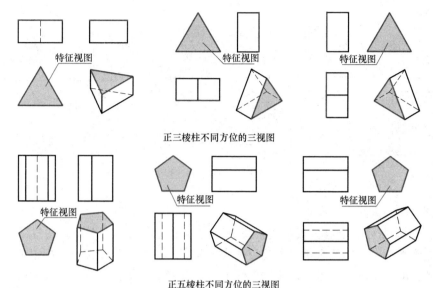

正三棱柱不同方位的三视图

正五棱柱不同方位的三视图

图 2-3 常见棱柱不同方位的三视图

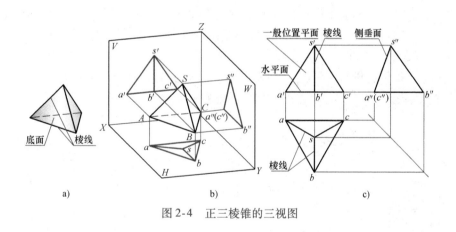

图 2-4 正三棱锥的三视图

二、曲面立体三视图

表面全是由曲面或曲面和平面所围成的立体称为曲面立体。常见的曲面立体是回转体，工程上用得最多的是圆柱、圆锥、球体，有时也用到圆环。曲面的投影用转向轮廓线表示，转向轮廓线是与曲面相切的投射线与投影面的交点所组成的线段。

1. 圆柱

圆柱由圆柱面、顶面、底面所围成。如图 2-6a 所示，圆柱面可看作一条直母线 AA_1 围绕与它平行的轴线 OO_1 回转而成。圆柱面上任意一条平行于轴线的母线，

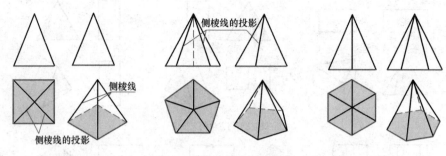

图2-5　常见棱锥的三视图

称为圆柱面的素线。

图2-6b所示为圆柱的投影图，图中圆柱的轴线垂直于水平面，圆柱的顶面和底面是水平面，它们的水平投影是反映实形的圆，正面、侧面投影各积聚为一直线段，其长度等于圆的直径。由于圆柱面上的所有素线都是铅垂线，圆柱面的水平投影都积聚在这个圆上，与顶面和底面的投影重合。圆柱正面投影的左右两侧转向轮廓线 $a'a_1'$ 和 $b'b_1'$，它们分别是圆柱面上最左、最右素线 AA_1 和 BB_1 的正面投影，也是正面投影可见的前半圆柱面与不可见的后半圆柱面的分界线；AA_1 和 BB_1 的侧面投影 $a''a_1''$ 和 $b''b_1''$ 则与轴线的侧面投影重合。同理，圆柱的侧面投影的前后两侧的转向轮廓线 $c''c_1''$ 和 $d''d_1''$，它们分别是圆柱面上最前、最后素线 CC_1 和 DD_1 的侧面投影，也是侧面投影可见的左半圆柱面与不可见的右半圆柱面的分界线；CC_1 和 DD_1 的正面投影 $c'c_1'$ 和 $d'd_1'$ 则与轴线的正面投影重合。

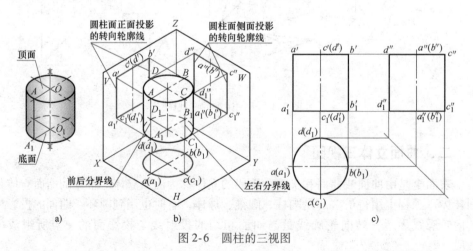

图2-6　圆柱的三视图

由以上分析可知圆柱的三视图特征：一个视图为反映该回转体特征的圆，另两个视图为完全相同的矩形线框，如图2-6c所示。

不同方位圆柱的三视图比较，如图 2-7 所示。

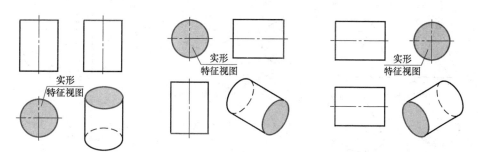

图 2-7　不同方位圆柱的三视图比较

2. 圆锥

圆锥由圆锥面和底面所围成。如图 2-8a 所示，圆锥面是由直线 SA 绕与它相交的轴线 OO_1 旋转而成。S 称为锥顶，直线 SA 称为母线。圆锥面上过锥顶的任一母线，称为圆锥面的素线。

图 2-8b 所示为圆锥的三面投影，图中圆锥的轴线是铅垂线，底面是水平面，圆锥的水平投影为一个圆，反映底面的实形，同时也表示圆锥面的投影。圆锥的正面、侧面投影均为等腰三角形，其底边均为圆锥底面的积聚投影。正面投影中三角形的两腰转向轮廓线 $s'a'$、$s'b'$ 分别表示圆锥面最左、最右素线 SA、SB 的正面投影，它们是圆锥面正面投影可见的前半圆锥面与不可见的后半圆锥面的分界线。SA、SB 的水平投影 sa、sc 与横向中心线重合，侧面投影 $s''a''$（b''）与轴线重合，不必画出。同理可对侧面投影中三角形的两腰进行类似的分析。

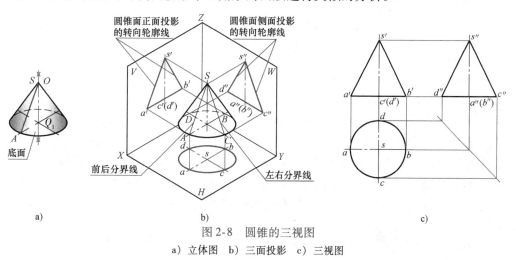

a)　　　　　　　　　　　b)　　　　　　　　　　　c)

图 2-8　圆锥的三视图

a）立体图　b）三面投影　c）三视图

由以上分析可知圆锥的三视图特征：一个视图为圆（反映圆锥底面的实形，锥面的投影也与其重合）；另两个视图为完全相同的等腰三角形线框，如图 2-8c 所示。

不同方位圆锥的三视图比较，如图 2-9 所示。

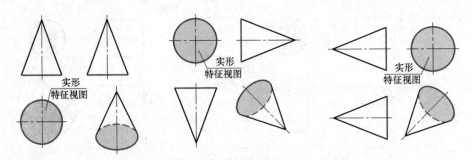

图 2-9　不同方位圆锥的三视图比较

圆锥切掉了顶部形成了圆台，圆台由锥面、顶面和底面所围成。

圆台的三视图特征：一个视图为两个同心圆（反映顶面和底面的实形，锥面的投影也重合在两个圆之间）；另两个视图为完全相同的等腰梯形线框。不同方位圆台的三视图，如图 2-10 所示。圆台的三面投影，读者可自行分析。

图 2-10　不同方位圆台的三视图

3. 圆球

圆球是由球面围成的。如图 2-11a 所示，球面可看成是一母线圆绕着其直径 OO_1 为轴线旋转而成的。球面上任意位置的母线称为素线。

图 2-11b 所示为圆球的投影图，圆球在三个投影面上的投影都是直径相等的圆，但这三个圆分别表示三个不同方向的圆球面的转向轮廓线。正面投影的圆 a' 是平行于 V 面的最大圆素线 A 的正面投影，它是可见的前半球面与不可见的后半球面的分界线。与此类似，侧面投影的圆 c'' 是平行于 W 面的最大圆素线 C（左右半球面的分界线）的侧面投影；水平投影的圆 b 是平行于 H 面的最大圆素线 B（上下半球面的分界线）的水平投影。

由以上分析可知球的三视图特征：三个视图均为与球径相等的圆，如图 2-11c 所示。

4. 圆环

圆环是由环面围成的。如图 2-12a 所示，环面是由一圆母线，绕与它共面但不

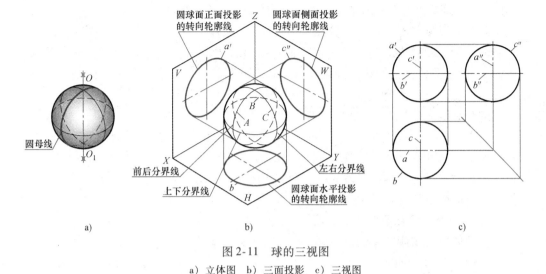

图2-11　球的三视图

a）立体图　b）三面投影　c）三视图

过该圆圆心的轴线 OO_1 旋转而成的。环面上任意位置的圆母线称为圆素线。

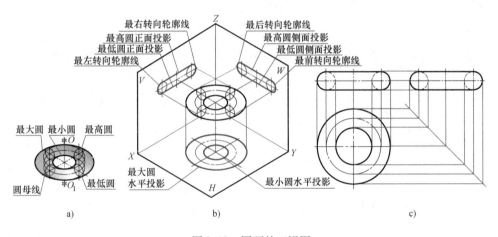

图2-12　圆环的三视图

图2-12b 所示为圆环的投影图，从图中可知它的回转轴是铅垂线，水平面投影为两实线圆和一点画线圆，其中两实线圆分别是最大圆和最小圆的投影，它们是上环面和下环面的分界线，图中上环面可见，下环面不可见；中间的点画线圆表示母线圆心的轨迹。

圆环的正面投影和侧面投影形状相同。正投影面上的左右两个小圆，分别是平行于 V 面的最左、最右圆素线的转向轮廓线（其中外环面的半圆为实线，内环面的半圆为虚线），上、下两条公切线分别是最高圆和最低圆的投影，由这四段实线

（左、右半圆弧和上、下两条公切线）构成如同铁链"环扣"形状的投影，是前、后半圆环面可见与不可见的分界线。侧投影面上的两个小圆，分别是平行于 W 面的最前、最后圆素线的转向轮廓线（其中外环面的半圆为实线，内环面的半圆为虚线），上、下两条公切线分别是最高圆和最低圆的投影，由这四段实线（前、后半圆弧和上、下两条公切线）构成如同铁链"环扣"形状的投影，是左、右半圆环面的分界线。

由上分析可知圆环的三视图特征：一个视图为两个同心圆，另两个视图的外形如同铁链"环扣"形状，如图 2-12c 所示。

上面对常见的基本几何体的投影和三视图进行了分析。了解并熟悉各种基本几何体三视图的形状特征是识图的基础。

5. 常见不完整几何体的三视图

几何体作为物体的某些组成部分并非都是完整的或总是直立的，多看些不完整的、方位多变的几何体三视图，有意识地储存其形象，对提高识图能力非常有益。为此，在图 2-13～图 2-23 中给出了多种不完整和不规则几何体的三视图，以进一步提高读者的识图技能。识读不同形体的三视图时，首先应抓住特征视图，然后将其他几个视图联系起来分析，才能确定物体的形状。

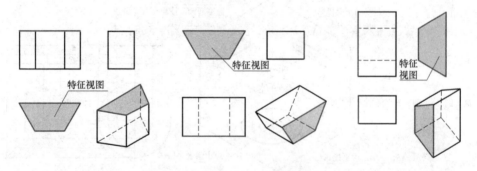

图 2-13　处于不同方位的半个正六棱柱及其三视图

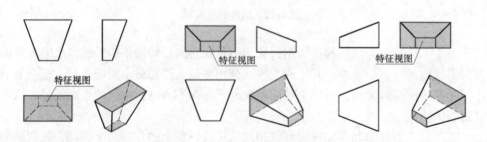

图 2-14　处于不同方位的半个正四棱台及其三视图

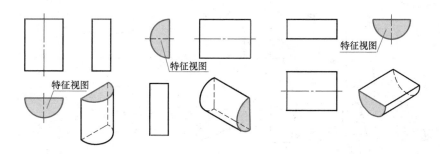

图 2-15 处于不同方位的半个圆柱及其三视图

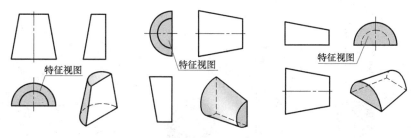

图 2-16 处于不同方位的半个圆台及其三视图

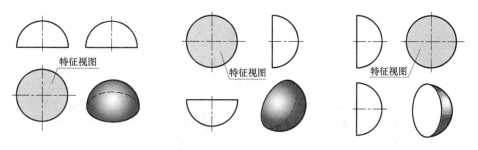

图 2-17 处于不同方位的半个球及其三视图

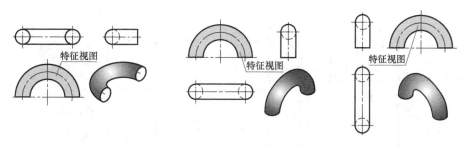

图 2-18 处于不同方位的半个环及其三视图

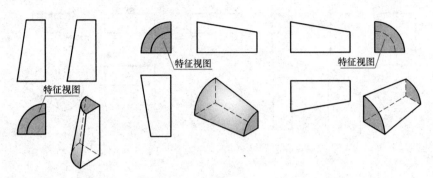

图 2-19　处于不同方位的四分之一个圆台及其三视图

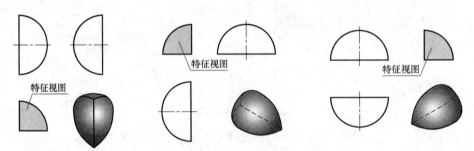

图 2-20　处于不同方位的四分之一个球及其三视图

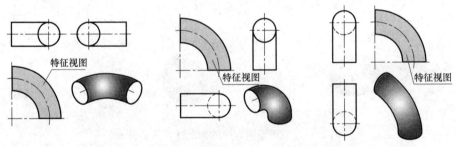

图 2-21　处于不同方位的四分之一个圆环及其三视图

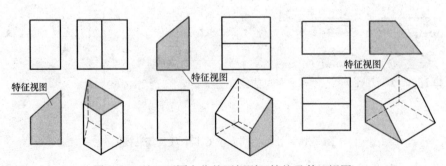

图 2-22　处于不同方位的不规则四棱柱及其三视图

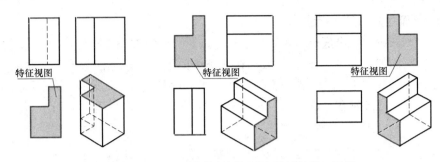

图 2-23   处于不同方位的不规则六棱柱及其三视图

三、基本几何体尺寸标注

任何物体都具有一定的形状和大小，在图中它们都需要用尺寸来确定。因此，掌握好这些基本几何体尺寸的识读，有助于为后续学习快速识读机件奠定基础。

1. 平面立体的尺寸标注

平面立体一般标注长、宽、高三个方向的尺寸，如图 2-24 所示。其中正方形的尺寸可采用如图 2-24e 所示的形式注出，即在边长尺寸数字前加注"□"符号。图 2-24d、g 中加"（ ）"的尺寸称为参考尺寸（仅供加工时参考用，若此处没加括号，便视为重复尺寸）。

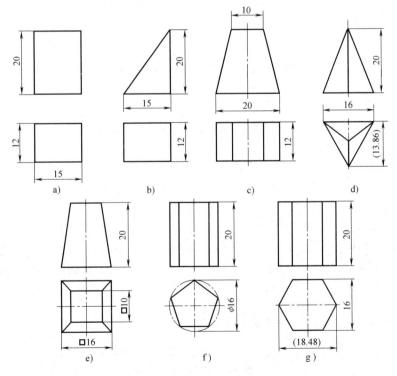

图 2-24   平面立体的尺寸注法

2. 曲面立体的尺寸标注

圆柱和圆锥应注出底圆直径和高度尺寸，圆台还应加注顶圆的直径。直径尺寸应在其数字前加注符号"φ"，一般注在非圆视图上。这种标注形式用一个视图就能确定其形状和大小，其他视图就可省略，如图2-25a、b、c所示。标注圆球的直径和半径时，应分别在"φ""R"前加注符号"S"，如图2-25d、e所示。

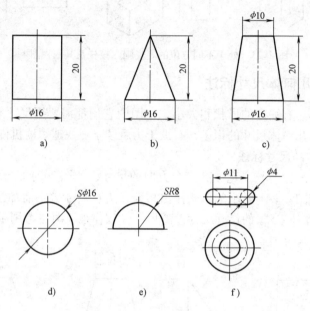

图2-25 曲面立体的尺寸注法

第二节 基本体截交线的投影分析

在工程上常常会遇到立体与平面相交的情况。例如，拨叉轴由圆柱与两个平面相交（切割）而成（图2-26a）；铣床上的尾座顶尖，也由两圆锥与两个平面相交（切割）而成（图2-26b）。这里当平面（刀具）截切立体时，平面与立体表面产生的交线称为截交线，这个平面称为截平面，由截交线围成的平面图形称为截断面（简称断面），被截切后的部分称截切体，如图2-26c所示。识读截切体三视图的关键，在于分析截交线在三视图中的投影。本节主要对基本体截交线的投影特点及其三视图特征进行分析。

一、平面立体的截交线投影分析

平面立体的截交线为封闭的平面多边形。多边形的各条边是截平面与立体表面的交线，多边形的边数由截平面截切立体的表面（或棱线）数量来决定，多边形的各个顶点是截平面与立体的棱线的交点，因此，只要找出截交线的顶点在各投影

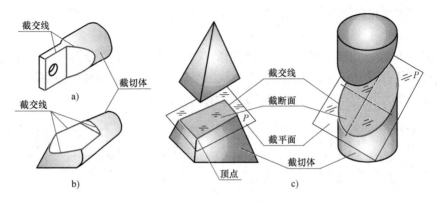

图 2-26　平面与立体表面相交

面上的投影，然后依次连接顶点的同面投影，即得截交线的投影。

1. 棱柱截切的分析

图 2-27 所示为正六棱柱被一个平面截切后的几种情况。正六棱柱被平面截切后的截交线形状，随截平面截切正六棱柱的位置不同而得到不同的多边形。当用平行于侧棱线的平面（侧平面）去截切正六棱柱时，截平面与正六棱柱四个面（即顶面、底面和两个侧）相交，其截交线为四边形 *ABCD*（图 2-27a）；当用于侧棱线倾斜一定角度的平面（正垂面）去截切正六棱柱时，其截交线为五边形 *EFGHI*（图 2-27b）和六边形 *JKLMNO*（图 2-27c）。从图 2-27 中可看到，主视图是反映截切位置最清楚的特征视图，截交线的投影都积聚在该投影面剖切位置的直线上，如图 2-27a 所示。根据截交线 *ABCD* 的正面投影 *a′b′*（*c′*）（*d′*），然后依据点的投影规律，就可在水平投影和侧面投影中找出对应的截交线（*a*）*bc*（*d*）和 *a″b″c″d″* 的投影。同理，在图 2-27b、c 中，根据截交线 *EFGHI* 和 *JKLMNO* 的正面投影，也可找出其他两投影面的投影。

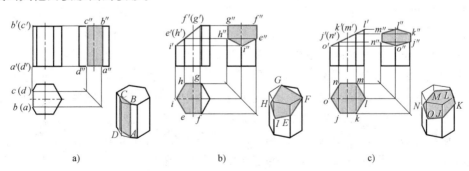

图 2-27　正六棱柱的不同位置截切

由上可知，采用点的投影规律来分析三视图的截交线投影，对形体简单的立体较容易，但对形体复杂的立体或多个平面截切的场合，就显得烦琐。读者应尝试使用截平面切割几何体后，通过截割体的断面形状来迅速判断截交线，以提高快速识图的能力。

图 2-28 所示为正六棱柱切口和切槽的几种形式，从图中分析可知，这些切口都可看成是由两个或两个以上的截平面截切而成的。下面采用截平面切割几何体后所形成的断面形状来分析三视图中的截交线。

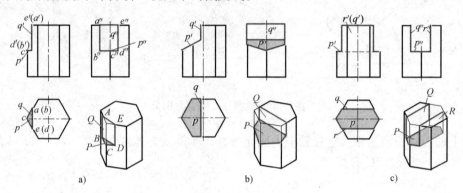

图 2-28 正六棱柱的切口与切槽

图 2-28a 所示为正六棱柱切口的三面投影，图中主视图截切位置较明显是特征视图，它反映了正六棱柱被两个平面截切而成，其中一个为侧平面 Q 截切正六棱柱，在侧面上截交线的投影为矩形 q''（反映实形），在正面和水平面上截交线的投影分别积聚为两条线段 q' 和 q；另一个为水平面 P 截切正六棱柱，在水平面上的截交线投影为三角形 p（图中红色阴影，反映实形），在正面和侧面上的截交线投影分别积聚为两条线段 p' 和 p''。若读者对此分析方法没有熟练掌握，可结合视图中截交线投影的字母标示，按点的投影规律自行分析。同理，图 2-28b 正六棱柱切口的三面投影，读者也可按此方法分析。

图 2-28c 所示为正六棱柱切槽的三面投影，图中左视图截切位置较明显是特征视图，它反映了正六棱柱被三个平面截切而成，其中两个为正平面 Q 和 R 截切正六棱柱，在正面上截交线的投影为反映实形的矩形 q' 和 r'，并重合，在侧面和水平面上截交线的投影分别积聚为两条线段 q''、r'' 和 q、r；另一个为水平面 P 截切正六棱柱，在水平面上的截交线投影为六边形 p（图中红色阴影，反映实形），在正面和侧面上的截交线投影积聚为两条线段 p' 和 p''。

这里特别强调，在识读三视图时，从特征视图着手来分析切口的三面投影就比较容易；同时，还注意切口在各面投影中实线和虚线的变化。

2. 棱锥截切的分析

图 2-29 所示为正四棱锥被一个平面截切后的几种情况。从图 2-29a 中可知，正四棱锥被平行于底面的平面截切，有四个侧面被切到，得到的截交线为正方形 $ABCD$，正方形的大小随截平面与底面的距离而变化，距离近，正方形就大，反之

则小。正四棱锥被平行于底面的平面截切后得到的截割体，叫作正四棱台。正四棱锥被倾斜于底面的平面截切后，得到的截交线可以是梯形 *EFGH*，如图2-29b所示；也可以是通过顶点 *S* 的三角形 *SJK*，如图 2-29c 所示。

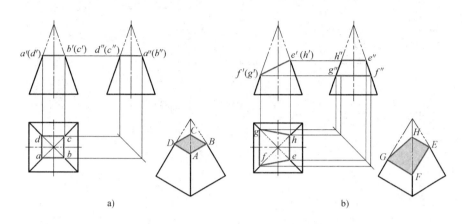

a)　　　　　　b)

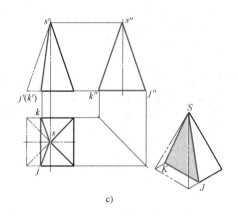

c)

图 2-29　不同位置的四棱锥截切

图 2-30 所示为正四棱锥的切口与切槽。图 2-30a 所示的正四棱锥切口可以看成由三个平面截切而成的，其中两个平面为水平面截切正四棱锥，截交线为 *ABGH* 和 *CDEF* 两个矩形；另一个为侧平面截切正四棱锥，截交线的形状为等腰梯形 *BCFG*。从图中可知，主视图为表达切口位置最清楚的特征视图。

图 2-30b、c 所示为两种正四棱锥切槽的投影，它们也是被三个平面截切而成的，其中两个为侧平面 *R*、*Q* 截切正四棱锥，在侧面上截交线的投影为梯形 *r″*、*q″*（反映实形），并重合，在正面和水平面上截交线的投影分别积聚为两条线段 *r′*、*q′* 和 *r*、*q*；另一个为水平面 *P* 截切正四棱锥，在水平面上的截交线投影为矩形 *p*（图中红色阴影，反映实形），在正面和侧面上的截交线投影积聚为两条线段 *p′* 和 *p″*（被遮挡，为虚线）。

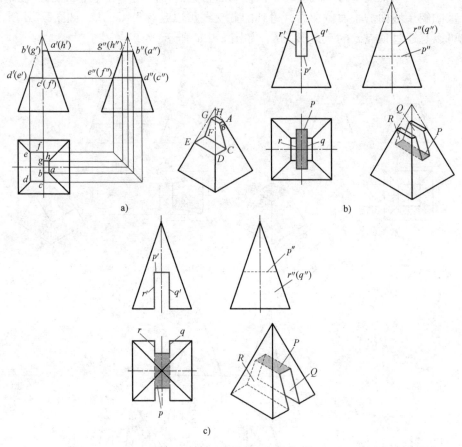

a)

b)

c)

图 2-30　正四棱锥的切口与切槽

二、回转体的截交线投影分析

回转体的截交线一般是封闭的平面曲线，或是由曲线与直线所围成的平面图形，也可能是多边形。其形状取决于回转体表面形状和截平面与回转体轴线的相对位置。

1. 圆柱截切的分析

（1）平面截切圆柱的截交线　圆柱被平面截切时，圆柱的截交线，会因截平面与圆柱轴线的相对位置不同而有不同的形状。当截平面平行于圆柱轴线时，截交线是平行于圆柱轴线的矩形；当截平面垂直于圆柱轴线时，截交线是一个直径等于圆柱直径的圆周；当截平面倾斜于圆柱轴线时，截交线是椭圆，椭圆的大小随截平面对圆柱轴线的倾斜角度不同而变化，当截平面与圆柱轴线倾斜角为45°角时，在其他两视图中的投影为圆，见表2-1。

表 2-1　圆柱的截交线

截平面的位置	平行于轴线	垂直于轴线	倾斜于轴线	
立体图	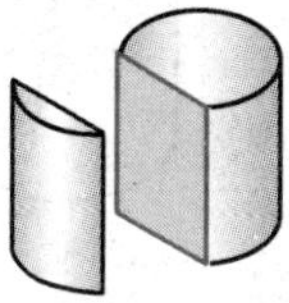	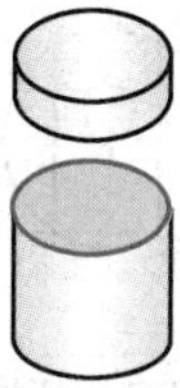	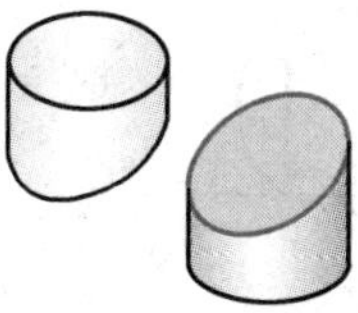	
截交线的形状	矩形	圆	一般情况 椭圆	特殊情况 圆
投影图	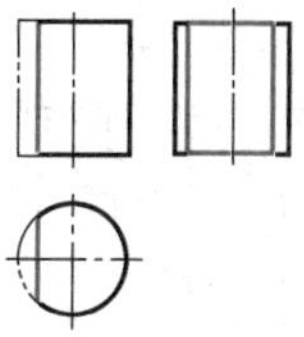	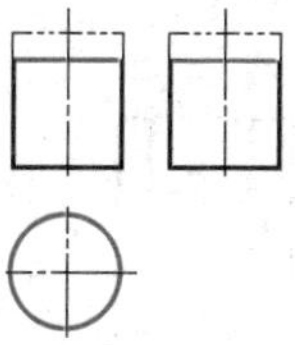	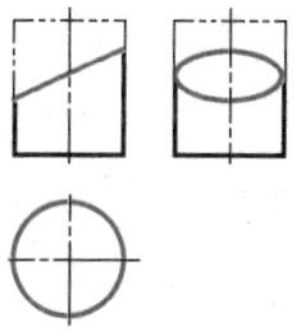	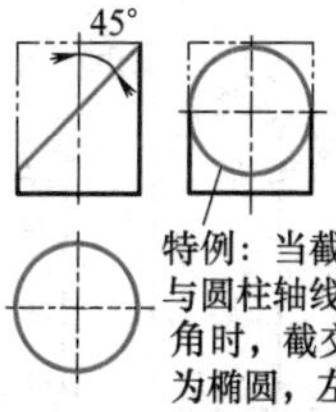 特例：当截平面与圆柱轴线成45°角时，截交线仍为椭圆，左视图的投影为圆

　　（2）圆柱体的切口与切槽　圆柱体切口的形式很多，常见的有图 2-31 所示的两种。它们都可看成是由多个截平面截切而成的，所以，圆柱切口的表面交线可以看成是由圆柱不同位置的截交线组成的。在图 2-31a 所示的圆柱切口三视图中，主视图是反映截切位置最清楚的特征视图，切口可看成是由三个平面 P、Q、R 截切圆柱体所得。用垂直于圆柱轴线的水平面 P 截切圆柱体，切口在水平面上的投影为圆的一部分 p（反映实形），在正面和侧面上的投影分别积聚为线段 p′和 p″；用两个平行于圆柱轴线的侧平面 Q、R 截切圆柱体，其切口在侧面上的投影分别为矩形 q″、r″（图中红色阴影，反映实形），并重合，在正面和水平面上的投影分别积聚为线段 q′、r′和 q、r。截平面之间的交线为正垂线，读者可结合立体图进行理解。

　　图 2-31b 所示为圆柱切槽，主视图是反映截切位置最清楚的特征视图，也是由两个侧平面和一个水平面将圆柱上部中间对称截切而成，其切槽的截交线投影同样可参照分析圆柱切口的方法逐步求得。

　　（3）圆筒的截切　具有内、外圆柱面的几何体称为圆筒。如对圆筒进行截切，在内、外圆柱面上将产生截交线。图 2-32 所示为圆筒被不同位置平面截切的三视图的画法。图 2-32a 所示的圆筒是被平行于圆筒轴线的截平面所截，从三视图中分析可知，主视图是反映圆筒被截切位置最清楚的特征视图，按切口的投影关系，在左视图中间有四条对应的垂直实线，中间两条 AB、CD 是截平面与内圆柱面的截交

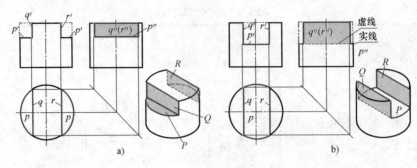

图 2-31　圆柱体的切口与切槽

线，另外两条 *EF*、*GH* 是截平面与外圆柱面的截交线。可见，圆筒截切的投影分析与圆柱截切相同。图 2-32b、c 所示的圆筒切口也可照上面的方法，将圆筒的孔和外圆柱面分别看成两个大小不同的圆柱体进行分析。

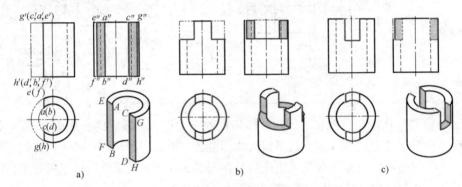

图 2-32　圆筒的切口与切槽

2. 圆锥截切的分析

（1）平面截切圆锥的截交线　根据截平面与圆锥轴线的相对位置不同，截交线有五种形状：圆、椭圆、抛物线与直线组成的平面图形、双曲线与直线组成的平面图形及过锥顶的三角形，见表 2-2。

表 2-2　圆锥的截交线

截平面的位置	垂直于轴线	平行于轴线	过锥顶	倾斜于轴线	
				$\theta = \alpha$	$\theta > \alpha$
立体图					

（续）

截交线的形状	圆	双曲线与直线	三角形	椭圆	抛物线与直线
投影图	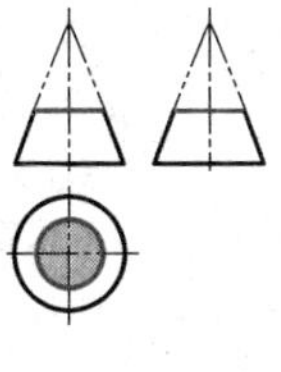	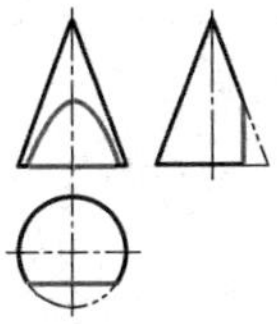	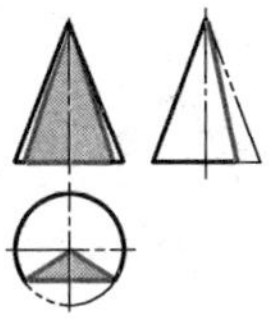	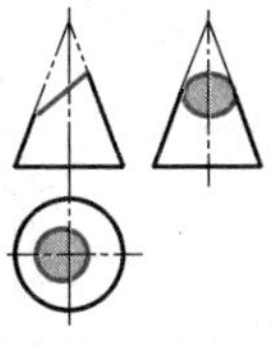	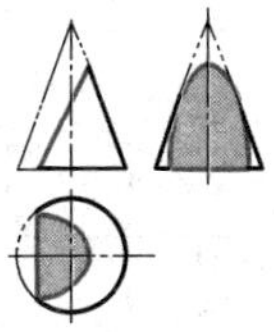

（2）圆锥的切口与切槽　图2-33所示为圆锥的切口与切槽的四种形式。从主视图得知，圆锥的切口与切槽可看成是由两个或两个以上的截平面截切而成的，所以，圆锥切口与切槽的表面交线可以看成是由圆锥不同位置的截交线组成的。如图2-33a所示的圆锥切口，可看成由一个平行于圆锥底面的水平面 P 和一个平行于圆锥轴线的侧平面 Q，将圆锥的左上角切去了一块。显然，切口的表面形状由圆锥的截交线圆和双曲线的一部分组成。因此，截平面 P 在俯视图上的截交线为一段圆弧 p（反映实形），在主、左视图上的截交线积聚为一直线段 p' 和 p''。截平面 Q 在左视图上的截交线为双曲线 q''（反映实形），主、俯视图上的截交线积聚为一直线段 q' 和 q。

图2-33b所示的圆锥切口，也是由一个平行于圆锥底面的水平面 P 和一个过圆锥顶的正垂面 Q，将圆锥的左上角切去了一块。显然，切口的表面形状，由圆锥的截交线圆和三角形的一部分组成。

图2-33c所示的圆锥切口，可看成是由一个平行于圆锥底面的水平面 K、一个平行于圆锥轴线的侧平面 Q 和一个倾斜于圆锥轴线的正垂面 P 三个截平面，将圆锥的上部切去了一块。圆锥切口的表面形状，依次由圆锥的截交线圆、梯形和椭圆的一部分组成。

图2-33d所示的圆锥切槽，可看成是由两个平行于圆锥底面的水平面 K、P 和两个平行于圆锥轴线的侧平面 Q、R 四个截平面，将圆锥的上部中间切去了一块。圆锥切口的表面形状，依次由圆锥的截交线圆、两双曲线的一部分组成。

3. 圆球的截切

（1）平面截切圆球的截交线　平面与圆球相交其截交线总是圆。圆的直径大小与截平面到球心距离有关，截平面距离球心越近，直径就越大，反之则越小。圆的投影形状与截平面对投影面的相对位置有关，其截交线的投影可能为圆、椭圆或积聚成一条直线，见表2-3。

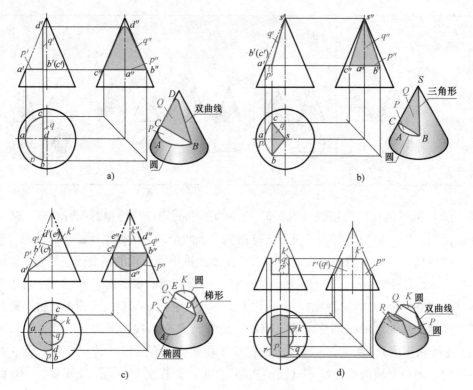

图 2-33　圆锥的切口与切槽

表 2-3　圆球的不同位置截交线

截平面的位置	与 H 面平行	与 V 面平行	与 V 面垂直
立体图			
截交线的形状	圆	圆	圆
投影图			

（2）圆球的切口与切槽 图 2-34 所示为半球被切口与切槽的形式。半球的切口与切槽可看成是由两个或两个以上的截平面截切而成的，所以，半球切口与切槽的表面交线同样可看成是由圆球的截交线组成的。图 2-34a 所示的半球切口，是由一个侧平面 Q 和一个水平面 P 两个截平面截切而成的。球面被水平面 P 截切，水平面投影为一段水平的圆弧 p，正、侧面投影分别积聚成一直线段 p′ 和 p″；球面被侧平面 Q 截切，侧面投影为一段圆弧 q″，正面和水平面上的投影分别积聚成一直线段 q′ 和 q。截平面之间的交线为正垂线。从半球切口的三视图中可以看出，截交线圆是不完整的，它的范围大小是由切口的形状和位置来决定，图中已用投射线来说明它们之间的投影关系。

图 2-34b 所示的半球切槽，半球被两个不对称的侧平面 R、Q 和一个水平面 P 截切。两个侧平面 R、Q 与球面的截交线各为一段平行于侧面的圆弧 r″ 和 q″，其侧面投影反映圆弧实形，正面和水平投影各积聚为一直线段 r′、q′ 和 r、q。水平面 P 与球面的截交线为前后两段水平的圆弧，其水平投影反映圆弧实形 p，正面和侧面投影各积聚为一直线段 p′ 和 p″。截平面之间的交线为正垂线。

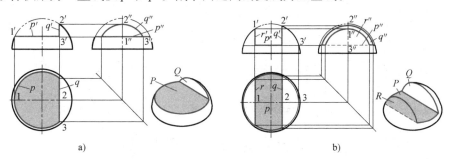

图 2-34 半球的切口与切槽

第三节 基本几何体相贯线的投影分析

两个基本几何体相交（或称相贯），在两个立体表面产生的交线称为相贯线，如图 2-35 所示。不同的几何体以及不同的相交位置，相贯线的形状是不同的。相贯线一般为封闭的空间曲线，特殊情况下可能是平面曲线或直线，它是两个曲面立体表面的共有线和分界线。了解相贯线的性质，便于对组合体视图的识读。本节只讨论最为常见的两个回转体相交的问题。

一、两圆柱正交的相贯线投影分析

1. 两个不同直径圆柱体相贯线的投影分析

图 2-36 所示为两不等径圆柱体的轴线正交，且分别垂直于水平面和侧面。两圆柱面间的交线（即相贯线）是一条封闭的空间曲线，且前、后、左、右有对称

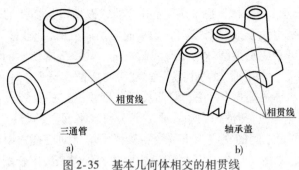

三通管   轴承盖
a)   b)

图 2-35 基本几何体相交的相贯线

a）三通管 b）轴承盖

性，如图 2-36a 所示。相贯线在水平面上的投影积聚在小圆柱水平投影的圆周上；在侧面上的投影积聚在大圆柱侧面投影的圆周上，并介于小圆柱前后两转向轮廓线之间的一段圆；在主视图上的投影，是一条非圆曲线，如图 2-36b 所示。

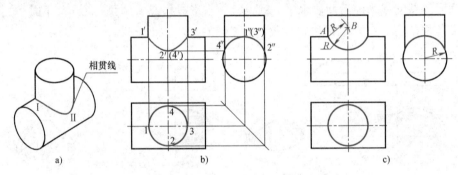

a)   b)   c)

图 2-36 两个不同直径圆柱体正交的相贯线

a）立体图 b）完整画法 c）近似画法

如对相贯线的准确性无特殊要求，当两圆柱垂直正交且直径相差较大时，可采用圆弧代替相贯线的近似画法。如图 2-36c 所示，以大圆柱的半径 R 作圆弧来代替非圆曲线的相贯线。

2. 圆柱直径大小对相贯线形状的影响

当正交两圆柱直径大小变动时，其相贯线形状和弯曲方向也产生变化，见表 2-4。

表 2-4 两圆柱直径大小对相贯线形状的影响

圆柱直径	立体图	投影图
当 $d_1 < d_2$ 时，相贯线正面投影为上、下弯曲的曲线		

（续）

圆柱直径	立体图	投影图
当 $d_1 = d_2$ 时，相贯线由空间曲线变为平面曲线（椭圆），其正面投影为两条成 45° 角倾斜的线段	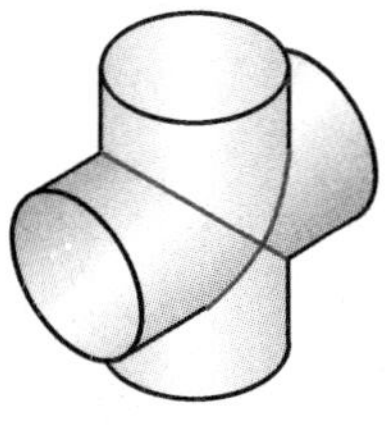	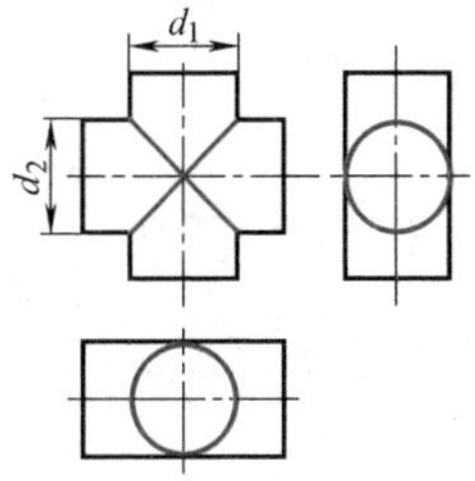
当 $d_1 > d_2$ 时，相贯线正面投影为左、右弯曲的曲线	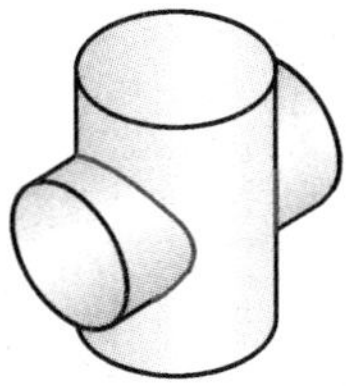	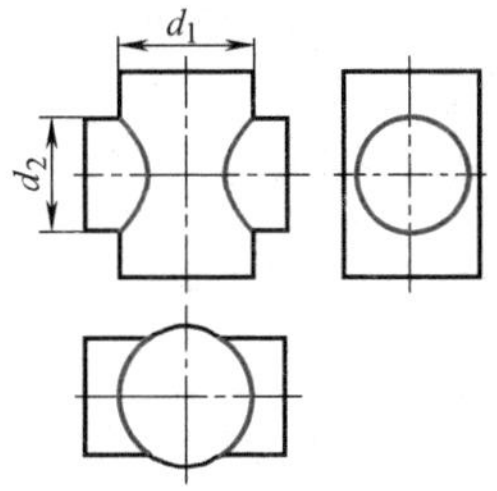

3. 两圆柱正交的类型

两圆柱正交有三种情况：两外圆柱面相交；外圆柱面与内圆柱面相交；两内圆柱面相交。这三种情况的相交形式虽然不同，但相贯线的性质和形状一样，分析方法也是一样的，如图 2-37 所示。

二、圆柱与圆锥正交的相贯线投影分析

如图 2-38a、b 所示为圆柱与圆锥正交相贯的立体图和三视图，它们的相贯线是一条空间曲线。图中圆柱的轴线处于侧垂位置，所以，相贯线左视图中的投影积聚成一个圆（与圆柱面投影重合）。相贯线在主视图和俯视图上的投影均为一条非圆曲线。

由于圆柱与圆锥的相贯线作图比较复杂，国家标准中规定了可采用模糊画法表示该相贯线，如图 2-38c 所示。

三、相贯线特殊情况的投影分析

两回转体相交，其相贯线一般为空间曲线，但在特殊情况下也可能是平面曲线或直线。

1）当两个回转体具有公共轴线时，其相贯线为与公共轴线垂直的圆，该圆的正面投影为一直线段，水平投影为圆，如图 2-39 所示。

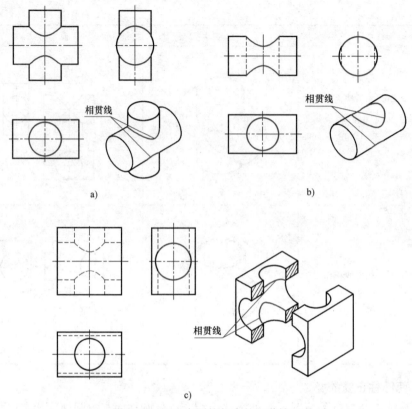

图 2-37 两正交圆柱相交的三种情况

a）两外圆柱面相交 b）外圆柱面与内圆柱面相交 c）两内圆柱面相交

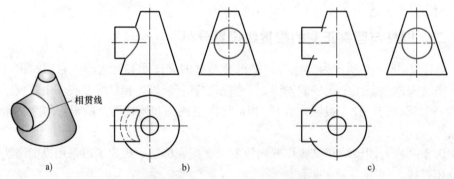

图 2-38 圆柱与圆锥正交的相贯线

a）立体图 b）完整画法 c）模糊画法

2）当相交的两圆柱轴线平行时，其曲面上的相贯线为两条平行于轴线的直线，如图 2-40 所示。

3）当圆柱与圆柱、圆柱与圆锥相交，且公切于一个球面时，相贯线为两个垂直于 V 面的椭圆，椭圆的正面投影积聚为直线段，如图 2-41 所示。

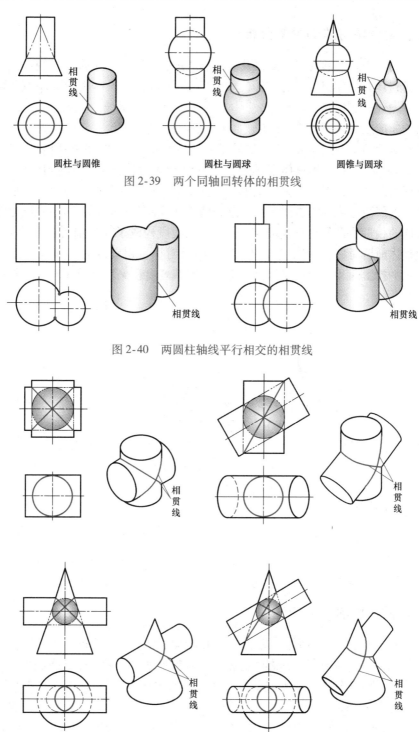

图 2-39　两个同轴回转体的相贯线

图 2-40　两圆柱轴线平行相交的相贯线

图 2-41　公切于同一球面的两回转体的相贯线

四、组合相贯线的投影分析

三个或三个以上的立体相交，其表面形成的交线，称为组合相贯线，在工程上时常会遇到具有组合相贯线的零件，如图 2-42 所示。在识读这类零件相贯线的投影时，应先分析清楚它们都是什么形体，判断出各段相贯线的空间形状、走向和它们之间的连接点（两段相贯线的连接点，必定是相交体上三个表面的共有点，如图 2-42b 所示的空心点 b' 和 c'）；然后逐段判断各视图上对应的相贯线的投影。

从图 2-42a 可知，相贯体上部的长圆柱可看成由长方体与两个半圆柱组合而成，下部为圆柱体，因此相贯体是由三部分相贯而成。在正投影面上，上部的两个半圆柱与下部圆柱体的相贯线投影分别为两段曲线 $a'b'$ 和 $c'd'$，上部的长方体与下部圆柱体的相贯线投影为直线段 $b'c'$，由这三线段构成了立体前部的组合相贯线，由于相贯体前后对称，所以组合相贯线也前后对称，相贯线的正面投影也前后重合。在水平投影面和侧面投影面上，组合相贯线均有积聚性（见图中红色线段）。

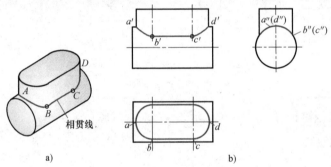

图 2-42　相贯体的组合相贯线

五、过渡线

由于受铸件表面圆角的影响，零件表面上的交线就变得不明显了。为了在识图时能区分不同形体的表面，在原来表面的交线位置上画出两端与轮廓线脱开的细实线，该线称为过渡线，如图 2-43 所示。

六、截断体的尺寸标注

1）带切口的基本几何体，除了注出几何体的尺寸外，还必须注出切口的位置尺寸。当基本几何体与截平面之间的相对位置被尺寸限定后，截交线的形状和大小也就确定了，因此截交线就不需要注尺寸了，如图 2-44 所示。图中有"×"的尺寸（红色部分）不应注出。

2）带凹槽的基本几何体，除了注出几何体的尺寸外，还必须注出槽的定形尺寸和定位尺寸，如图 2-45 所示。

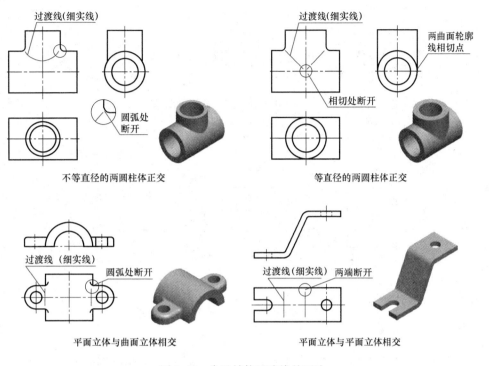

图 2-43　常见结构过渡线的画法

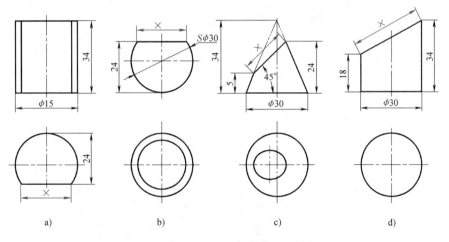

图 2-44　带切口的基本几何体的尺寸标注

七、相贯体的尺寸标注

相贯体除了应注出相交两基本形体的尺寸外，还应以其轴线注出两相交形体的相对位置尺寸，而不能以其轮廓线注出。当两相交基本形体的形状、大小及相对位

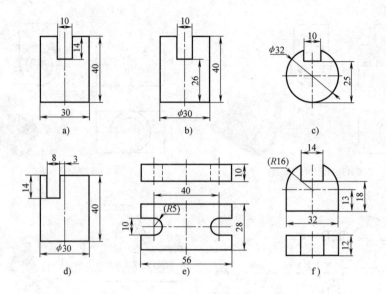

图 2-45　带凹槽的基本几何体的尺寸标注

置确定后，相贯线的形状、大小才能完全确定。因此，相贯线就不需要再注尺寸了。图 2-46 是两圆柱标注的例子，其尺寸标注方法如图 2-46a 所示，图 2-46b 中有三处错误：一是用 R15 标出了相贯线；二是以轮廓线高度"10"来确定横放圆柱高度；三是以轮廓线高度"6"来确定横放圆柱的上下位置。

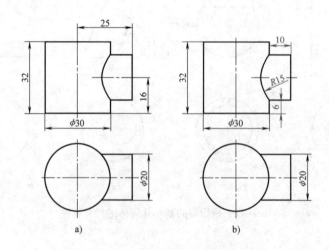

图 2-46　相贯体的尺寸标注
a）正确　b）错误

识图实训二

2-1　识读主视图和俯视图，勾选正确的左视图。

1.

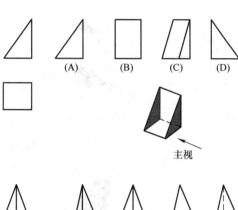

2.

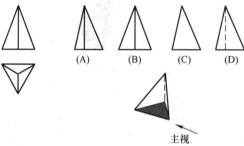

3.

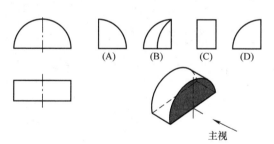

4.

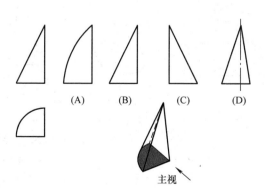

机械识图快速入门（第2版）

5.

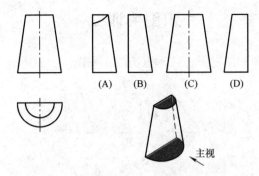

(A) (B) (C) (D)

主视

6.

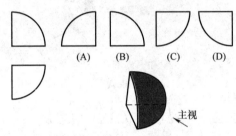

(A) (B) (C) (D)

主视

2-2　识读视图，想象立体形状，补全三视图。

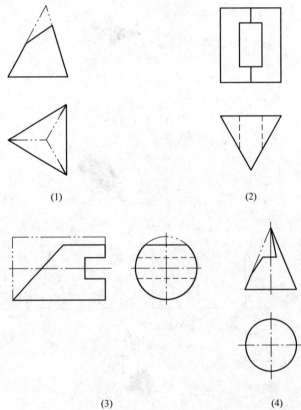

(1) (2) (3) (4)

56

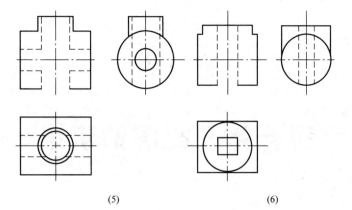

(5)　　　　　　　　　　　　(6)

第三章

组合体三视图的识读

第一节　组合体的基本概念

任何复杂的零件，从形体的角度来看，都可以看成是由一些简单的基本几何体所组成的，所以都可把它们称为组合体。

一、组合体的分类

按组合体的形体特征可以分为三类：

（1）切割类　在基本几何体（如长方体、圆柱体等）上进行切割、钻孔、挖槽等所得的形体，如图 3-1a 所示。

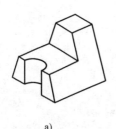 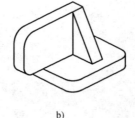 

a)　　　　　　　　　　　b)　　　　　　　　　　　c)

图 3-1　组合体的分类

（2）叠加类　由各种基本几何体按各种形式（垂直、平行、相切、相交等）叠加而成，如图 3-1b 所示。

单纯的切割类或叠加类形体是比较少的，多数的物体形状是以叠加与切割的综合形式出现的。

（3）综合类　由基本几何体相叠加及切割所得的综合形体，它是组合体中常见的类型，如图 3-1c 所示。

二、组合体各形体之间的表面连接关系

组合体各形体之间的表面连接关系有不平齐、平齐、相切、相交四种。在识图时，只有看懂组合体形体之间的表面连接关系，才能彻底想出物体的形状。

1. 不平齐

例 1 上下两形体的表面前后不平齐，中间应该有实线隔开，如图 3-2 所示。

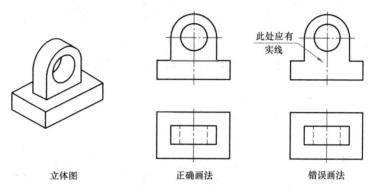

立体图　　　　　　正确画法　　　　　　错误画法

图 3-2 表面前后不平齐的组合体

例 2 上下两形体的表面前不平齐，后平齐，中间应该有实线隔开，如图 3-3 所示。

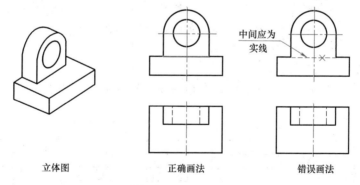

立体图　　　　　　正确画法　　　　　　错误画法

图 3-3 表面前不平齐后平齐的组合体

例 3 上下两形体的表面前平齐，后不平齐，中间应该有虚线隔开，如图 3-4 所示。

2. 平齐

例 4 上下两形体的表面前后平齐，中间应该没有线隔开，如图 3-5 所示。

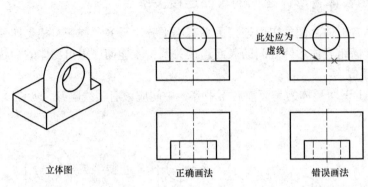

立体图　　　　　　正确画法　　　　　　错误画法

图 3-4　表面前平齐后不平齐的组合体

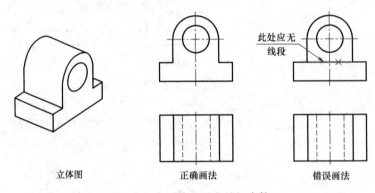

立体图　　　　　　正确画法　　　　　　错误画法

图 3-5　表面前后平齐的组合体

3. 相切

例5　当两形体的表面相切时，在相切处应该不画线，如图 3-6 所示。

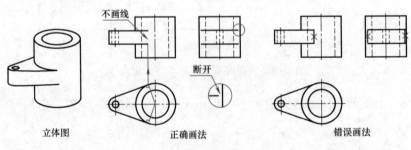

立体图　　　　　　正确画法　　　　　　错误画法

图 3-6　表面相切的组合体（一）

例6　当两形体的表面相切时，在相切处应该不画线，如图3-7所示。

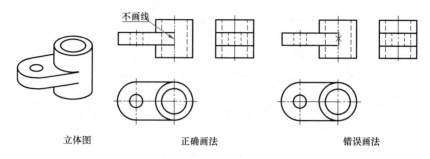

立体图　　　　　　正确画法　　　　　　错误画法

图3-7　表面相切的组合体（二）

例7　上部为半球与下部为圆柱体的表面相切时，在相切处应该不画线，如图3-8所示。

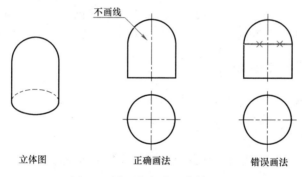

立体图　　　　　　正确画法　　　　　　错误画法

图3-8　表面相切的组合体（三）

4. 相交

例8　矩形与圆柱正交，在相交处应该画出交线，如图3-9所示。

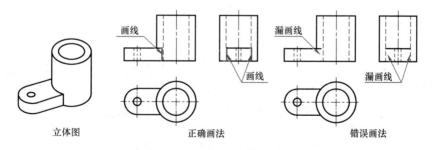

立体图　　　　　　正确画法　　　　　　错误画法

图3-9　表面相交的组合体（一）

例9　圆柱与圆柱正交，在相交处应该画出交线，如图3-10所示。

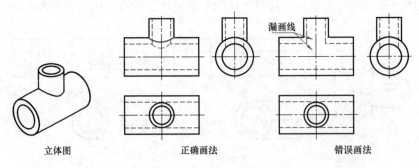

立体图 　　　　　　　正确画法 　　　　　　　错误画法

图3-10　表面相交的组合体（二）

第二节　组合体三视图识读方法

为了能够正确而迅速地读出视图，必须掌握识图的基本要领和方法，通过反复练习与实践，逐步建立空间概念，培养抽象思维和空间想象力，以提高识图水平。

一、识图的基本要领

1. 理解视图中线框和图线的含义

视图是由线框和图线组成的，弄清视图中线框和图线的含义对识图有很大帮助。

1）视图中的每条图线，可能是交线、面（平面或曲面）、转向轮廓线的投影，如图3-11所示。

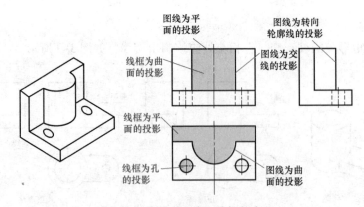

图3-11　视图中图线和线框的含义

2）视图中的每个线框，可能是面（平面或曲面）、孔的投影，如图3-11中框内的红色阴影所示。

3）视图中相邻的两个线框，可能表示位置不同的两个面（相交或不相交）的投影，如图3-12所示。

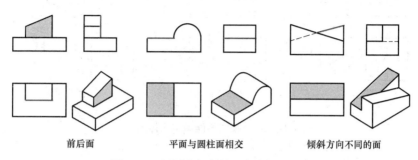

前后面　　　　　　　平面与圆柱面相交　　　　　　　倾斜方向不同的面

图3-12　视图中相邻的两个线框的含义

4）大线框内的小线框，一般表示在大立体上凸出或凹下的小立体的投影，如图3-13所示。

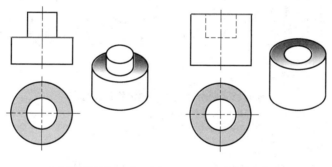

大立体上的凸台　　　　　　　　大立体上的凹孔

图3-13　视图中大线框内的小线框的含义

2. 将几个视图联系起来进行识图

一个组合体通常需要几个视图才能表达清楚，一个视图不能确定物体形状。如图3-14所示的三组视图，它们的主视图都相同，但由于俯视图不同，实际表示的是三个不同的形体。

有时即使有两个视图相同，若视图选择不当，也不能确定物体的形状。如图3-15所示的三组视图，它们的主、俯视图都相同，但由于左视图不同，也表示了三个不同的形体。

二、识图的基本方法

识图的基本方法有形体分析法和线面分析法。

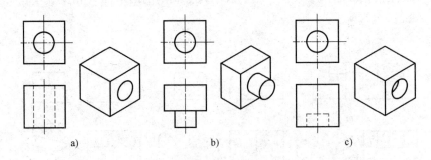

图 3-14   一个视图不能确定物体的形状

a）大立体上的通孔   b）大立体上的凸台   c）大立体上的凹孔

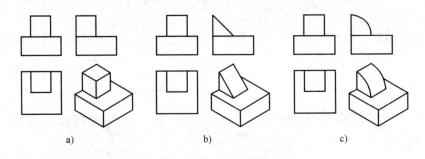

图 3-15   两个视图不能确定物体的形状

a）形体一   b）形体二   c）形体三

1. 形体分析法

根据组合体的特点，在反映形状特征比较明显的主视图上先按线框将组合体划分为几个部分，即几个基本体，然后通过投影关系找到各线框所表示的部分在其他视图中的投影，从而分析各部分的形状以及它们之间的相对位置，最后综合起来想象组合体的整体形状。由此可以归纳识读组合体视图的方法和步骤如下：

1）划线框，分基本体。

2）对投影，想出各基本体的形状。

3）合起来，想整体形状。

此法用于叠加类组合体较为有效。一般的识图顺序为：先看主要部分，后看次要部分；先看容易确定的部分，后看难以确定的部分；先看某一组成部分的整体形状，后看其细节部分形状。

例 10   运用形体分析法识读支座三视图

其分析的方法与识图步骤见表 3-1。

表 3-1　运用形体分析法识读支座三视图的方法及步骤

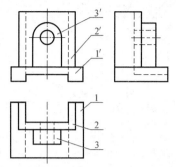

视图分析：通过对支座三视图中的主视图进行划线框分析，该物体可分为三个部分。其中线框 1′ 和线框 3′ 在主视图中的特征较明显，线框 2′ 的特征不明显，但它所对应的线框 2 在俯视图中特征明显

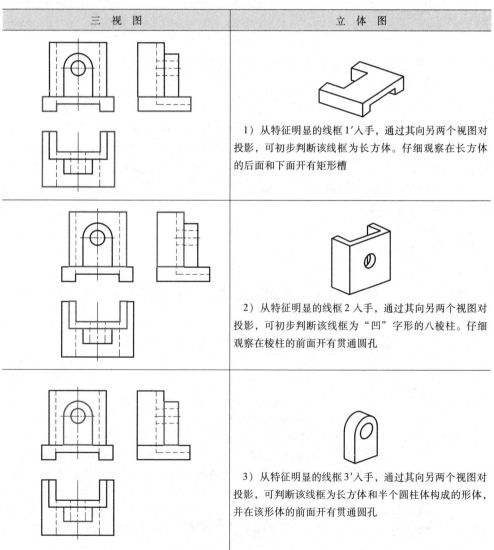

三　视　图	立　体　图
	1）从特征明显的线框 1′ 入手，通过其向另两个视图对投影，可初步判断该线框为长方体。仔细观察在长方体的后面和下面开有矩形槽
	2）从特征明显的线框 2 入手，通过其向另两个视图对投影，可初步判断该线框为"凹"字形的八棱柱。仔细观察在棱柱的前面开有贯通圆孔
	3）从特征明显的线框 3′ 入手，通过其向另两个视图对投影，可判断该线框为长方体和半个圆柱体构成的形体，并在该形体的前面开有贯通圆孔

（续）

三 视 图	立 体 图
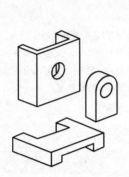	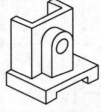 4）由主、俯视图可知，三个形体长度方向对称布置；宽度方向形体 1 和 2 后面平齐，形体 3 的后面紧贴形体 2 的前面；高度方向形体 2 和 3 紧贴形体 1 的上面，最后想象出的物体形状

2. 线面分析法

在识图过程中，遇到物体形状不规则，或物体被多个面切割，物体的视图往往难以读懂，此时可以在形体分析的基础上进行线面分析。即运用点的投影规律，通过对物体表面的线、面等几何要素进行分析，确定物体的表面形状、面与面之间的位置及表面交线，从而想象出物体的整体形状。此法用于切割类组合体较为有效。

线面分析法读组合体视图的步骤如下：

1）初步判断主体形状。

2）确定切割面的形状和位置。

3）逐个想象各切割处的形状。

4）想象整体形状。

例 11 运用线面分析法识读 V 形座三视图，想象出它所表示的物体的形状。其分析及识图步骤见表 3-2。

表 3-2 运用线面分析法识读 V 形座三视图的方法及步骤

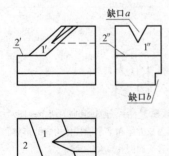	视图分析： 1）物体被多个平面切割，但从三个视图的最大线框来看，可判断该物体的主体应是长方体 2）左视图中该物体有 a、b 两个缺口，其中缺口 a 是由两个相交的侧垂面切割而成的，缺口 b 是由一个正平面和一个水平面切割而成的。还可以看出主视图中线框 1'、俯视图中线框 1 和左视图中线框 1″ 有投影对应关系，据此可分析出它们是一个一般位置平面的投影。主视图中线段 2'、俯视图中线框 2 和左视图中线段 2″ 有投影对应关系，可分析出它们是一个水平面的投影，并且可看出 I、II 两个平面相交

（续）

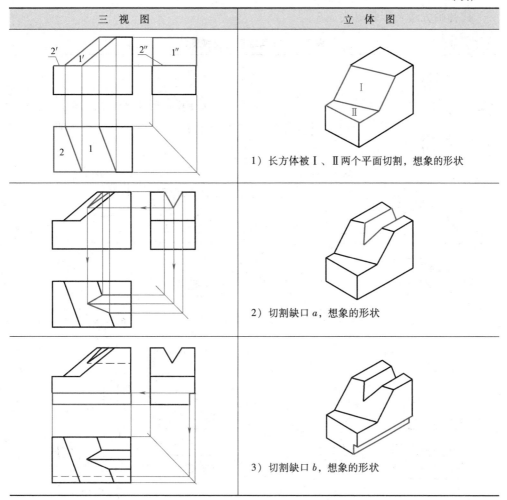

三　视　图	立　体　图
	1）长方体被Ⅰ、Ⅱ两个平面切割，想象的形状
	2）切割缺口 *a*，想象的形状
	3）切割缺口 *b*，想象的形状

第三节　补视图和补缺线

补视图和补缺线是培养识图能力和检验能否读懂视图的一种方法，简述如下：

一、补视图

由两个已知投影图补绘第三投影图，它的答案可能是确定的，也可能有多种答案，需反复多方面思考才能全面掌握。因视图都是由许多封闭线框所构成的，而每一封闭线框，可以是物体上不同位置的平面或曲面的投影。所以在分析已知视图时，应对照两已知视图搞清楚每一封闭线框所表示的是什么，同时分清由这些构成怎样的形体。

例12 补画轴承座的左视图。

其补画方法及步骤见表3-3。

表3-3 补画轴承座左视图

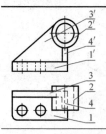

视图分析：主视图可以分为四个线框，根据投影关系在俯视图上找出它们的对应投影：1是底板，其上开有两个通孔；2是一个圆筒；3是支承板；4是肋板

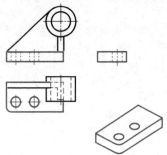

1）画底板1和其上的两个通孔的左视图

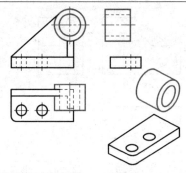

2）画圆筒2的左视图

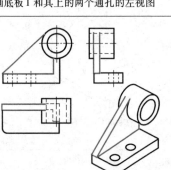

3）画支承板3的左视图

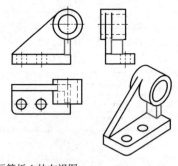

4）画筋板4的左视图

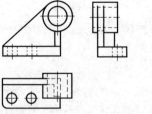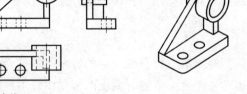

5）检查后，加深左视图轮廓线

对于一时搞不清的问题，可以用形体分析法，对物体的各个部分分别进行作图研究，逐步搞懂。必要时，还可以采用绘立体图的方法来帮助想象或验证自己分析

问题的正确性，从而达到补绘出第三投影图的目的和要求。

例 13　补画镶块的左视图。

其补画方法及步骤见表 3-4。

表 3-4　补画镶块的左视图

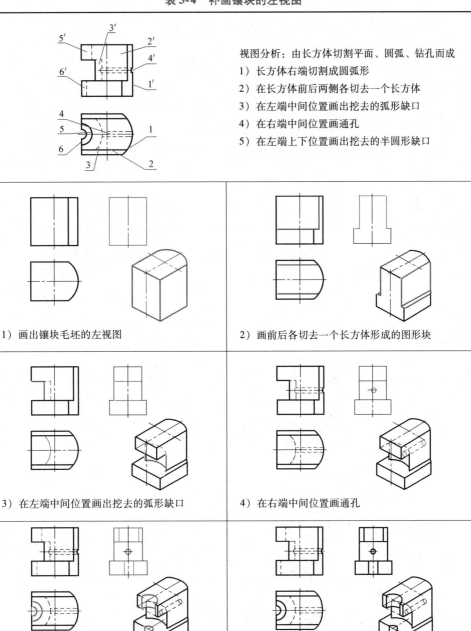

视图分析：由长方体切割平面、圆弧、钻孔而成

1) 长方体右端切割成圆弧形

2) 在长方体前后两侧各切去一个长方体

3) 在左端中间位置画出挖去的弧形缺口

4) 在右端中间位置画通孔

5) 在左端上下位置画出挖去的半圆形缺口

1) 画出镶块毛坯的左视图	2) 画前后各切去一个长方体形成的图形块
3) 在左端中间位置画出挖去的弧形缺口	4) 在右端中间位置画通孔
5) 在左端上下位置画出挖去的半圆形缺口	6) 检查后，加深轮廓线

机械识图快速入门（第2版）

例 **14** 补画支承件的俯视图。

其补画方法及步骤见表3-5。

表3-5 补画支承件的俯视图

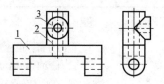

形体分析：支承件由三部分组成

1）下部是倒的凹形底板，左右各一个通孔

2）底板上部有一个垂直于水平面的圆柱，其中的孔与底板相通

3）圆柱2前有一个等直径的圆柱和它相贯，内孔是不等直径的圆柱孔相贯

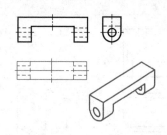

1）画出底板的俯视图

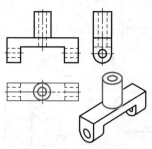

2）在俯视图中补画垂直水平面的圆柱投影

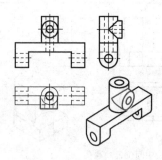

3）在俯视图中补画出轴线垂直正投影面的圆柱相贯体

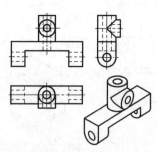

4）检查后，加深轮廓线

二、补缺线

视图上的每一条线必定是物体要素的投影：两表面的交线；垂直面的投影；曲面的转向轮廓线。因此，在分析已知视图时必须搞清楚视图上的每一条线所表示的是什么线？不可以多画线也不可以缺线。

对视图中一般性缺少的线，通过形体分析和"对投影"的方法就可找出，见表 3-6。但对有些缺线还需通过线面分析法才能找出，见表 3-7 中的第 3 组视图。

表 3-6　分析形体，补缺线（一）

补视图缺线	答　案
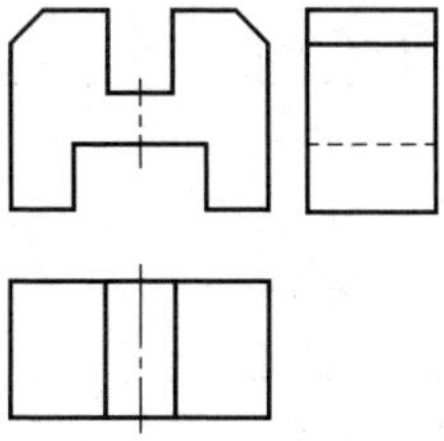	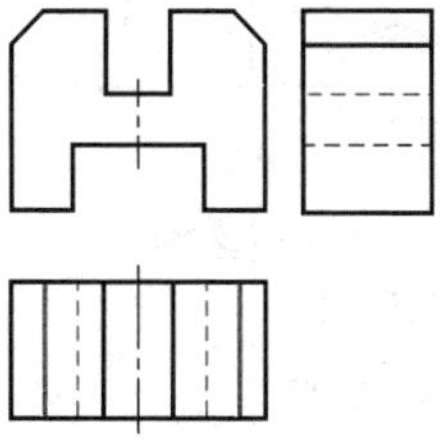
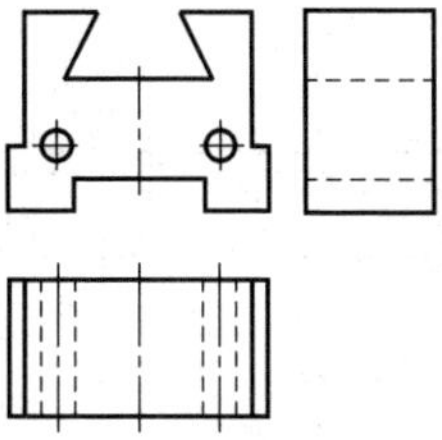	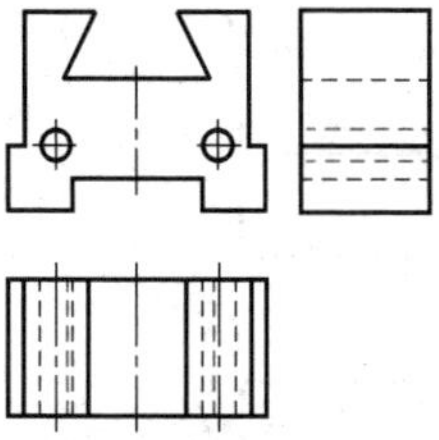
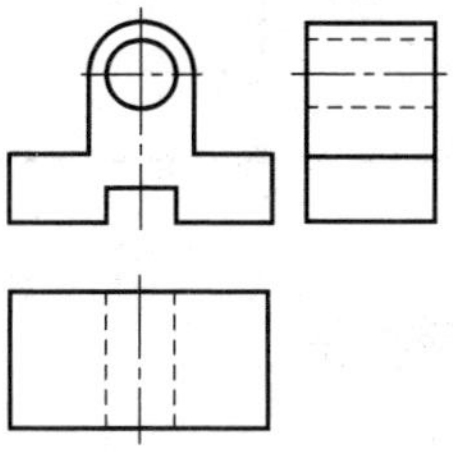	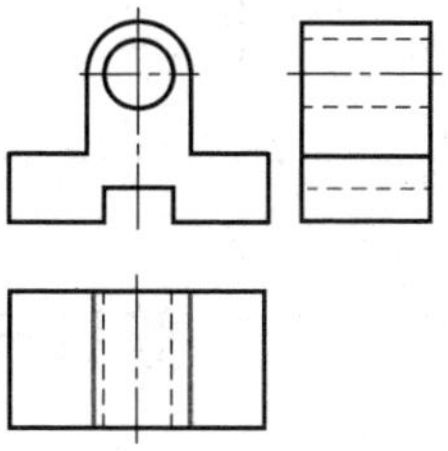

表 3-7　分析形体，补缺线（二）

补视图缺线	答　案
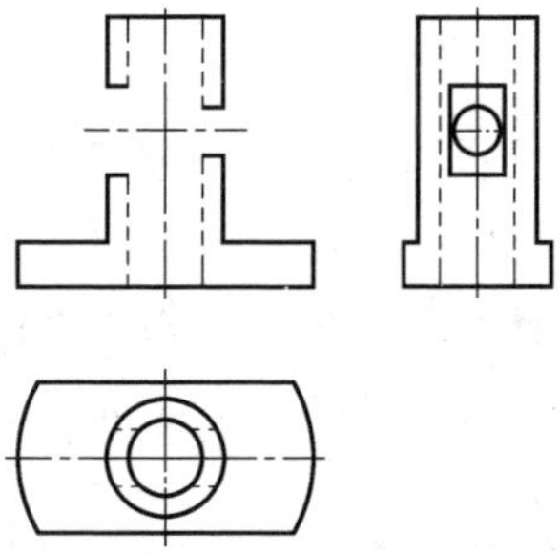	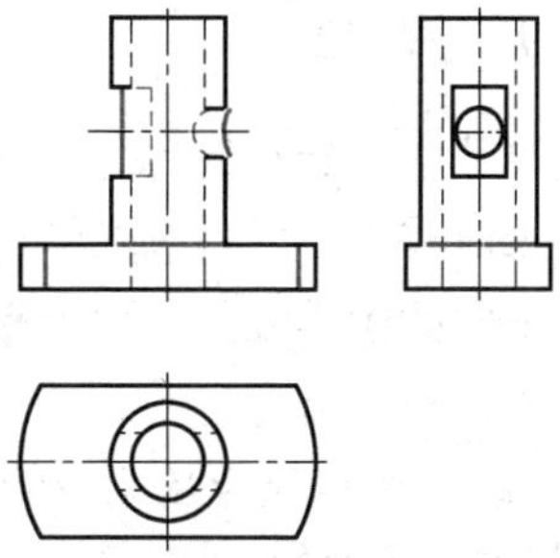

（续）

补视图缺线	答　案

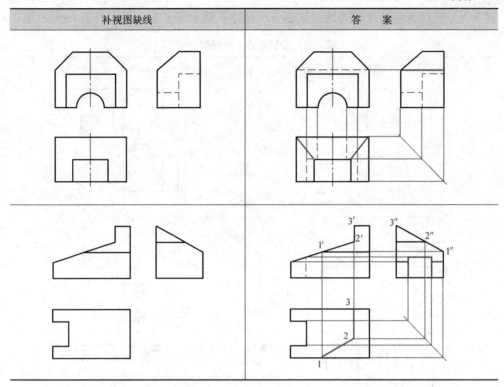

第四节　组合体的尺寸标注

视图只能表达组合体的形状，而组合体各部分的大小及其相对位置，还要通过标注尺寸来确定。识读组合体时在看懂视图的前提下，还应了解组合体的尺寸标注。在标注组合体的尺寸前，首先应确定尺寸基准。尺寸标注的基本要求仍是正确、完整和清晰。

一、尺寸基准

标注尺寸的起始位置称为尺寸基准。组合体有长、宽、高三个方向的尺寸，每个方向至少应有一个尺寸基准。组合体的尺寸标注中，常选取对称面、底面、端面、轴线或圆的中心线等几何元素作为尺寸基准。在选择基准时，每个方向除一个主要基准外，根据情况还可以有几个辅助基准。基准选定后，各方向的主要尺寸（尤其是定位尺寸）就应从相应的尺寸基准进行标注。

如图3-16所示的支架是用竖板的右端面作为长度方向尺寸基准；用前、后对称平面作为宽度方向尺寸基准；用底板的底面作为高度方向尺寸基准。

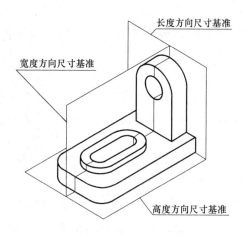

图 3-16　支架的尺寸基准分析

二、标注尺寸要完整

1. 尺寸种类

要使尺寸标注完整，既无遗漏，又不重复，最有效的办法是对组合体进行形体分析，根据各基本体形状及其相对位置分别标注以下几类尺寸。

（1）定形尺寸　确定各基本体形状大小的尺寸。如图 3-17a 中的 50、34、10、R8 等尺寸确定了底板的形状。而 R14、18 等是竖板的定形尺寸。

（2）定位尺寸　确定各基本体之间相对位置的尺寸（图中红色）。如图 3-17a 俯视图中的尺寸 8 确定竖板在宽度方向的位置，主视图中尺寸 32 确定 φ16 孔在高

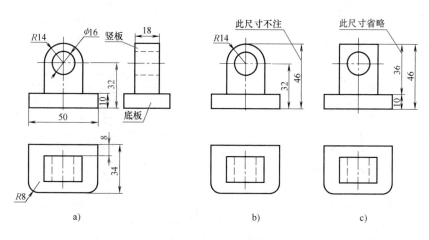

图 3-17　尺寸种类

度方向的位置。

（3）总体尺寸　确定组合体外形总长、总宽、总高的尺寸。总体尺寸有时和定形尺寸重合，如图3-17a中的总长50和总宽34同时也是底板的定形尺寸。对于具有圆弧面的结构，通常只注中心线位置尺寸，而不注总体尺寸，如图3-17b中总高可由32和R14确定，此时就不再标注总高46了。当标注了总体尺寸后，有时可能会出现封闭尺寸，这时可考虑省略某些定形尺寸，如图3-17c中总高46和定形尺寸10、36形成了封闭尺寸，此时可根据情况将此二者之一省略。

2. 标注尺寸的方法和步骤

标注组合体的尺寸时，应先对组合体进行形体分析，选择基准，标注出定形尺寸、定位尺寸和总体尺寸，最后检查、核对。

以支座为例说明组合体尺寸标注的方法和步骤，见表3-8。

表3-8　支座的尺寸标注

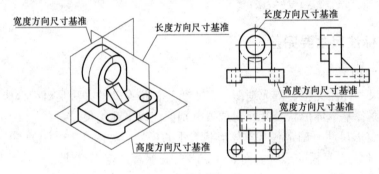

a) 确定基准

b) 支座形体分析

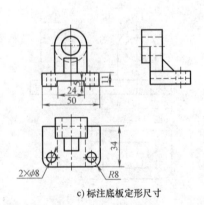

c) 标注底板定形尺寸

（续）

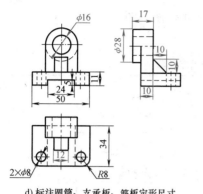

d) 标注圆筒、支承板、筋板定形尺寸

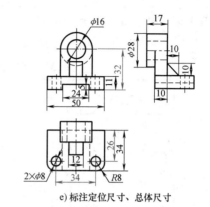

e) 标注定位尺寸、总体尺寸

三、标注尺寸要清晰

标注组合体尺寸，除了要求正确、完整地注出上述三类尺寸以外，还应注意尺寸布置，使其注得清晰，以方便识图。为此，在严格遵守机械制图国家标准的前提下，还应注意以下几点：

1）尺寸应尽量标注在反映形体特征最明显的视图上。见表 3-8c 中底板下部开槽宽度 24 和高度 5，标注在反映特征的主视图上较好。

2）同一基本形体的定形尺寸和确定其位置的定位尺寸，应尽可能集中标注在一个视图上。见表 3-8e 中将两个 $\phi 8$ 圆孔的定形尺寸 $2 \times \phi 8$ 和定位尺寸 34、26 集中标注在俯视图上，这样便于在识图时寻找尺寸。

3）直径尺寸应尽量标注在投影为非圆的视图上，而圆弧的半径应标注在投影为圆的视图上。见表 3-8d 中圆筒的外径 $\phi 28$ 标注在其投影为非圆的左视图上，底板的圆角半径 R8 标注在其投影为圆的俯视图上。

4）尽量避免在虚线上标注尺寸。见表 3-8d 将圆筒的孔径 $\phi 16$ 标注在主视图上，而不是标注在俯、左视图上，因为 $\phi 16$ 孔在这两个视图上的投影都是虚线。

5）相邻两个几何体有相同的大小时，只要合注一个尺寸，而不要重复注出。见表 3-8d 中圆筒的外径 $\phi 28$ 已标注，则支承板的长度尺寸不应标出。

6）同一视图上的平行并列尺寸，应按"小尺寸在内，大尺寸在外"的原则来排列，且尺寸线与轮廓线、尺寸线与尺寸线之间的间距要适当。

7）尺寸应尽量配置在视图的外面，以避免尺寸线与轮廓线交错重叠，保持图形清晰。

四、常见结构的尺寸注法

表3-9列出了组合体上一些常见结构的尺寸注法，图中红色"×"的尺寸，都是不应或不宜标注的，读者应熟记。

表3-9　常见结构的尺寸注法

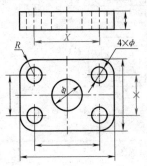

1）孔4×φ的长度定位尺寸最好在俯视图上集中标注；小尺寸应标在大尺寸内，不能相交

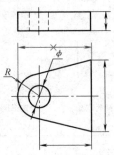

2）平面和曲面组成的形体，两者间不能用线性尺寸标注

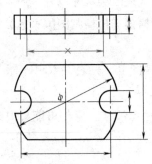

3）不要在加工后形成的面上标尺寸

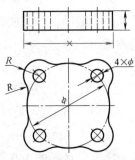

4）非同心圆弧，不能用线性尺寸直接标出

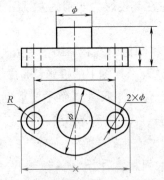

5）非同心圆弧，不能用线性尺寸直接标出

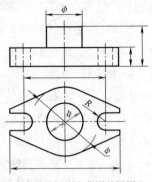

6）直径尺寸应尽量标注在非圆的视图上

识图实训三

3-1 识读下列图形，在给定的主视图、俯视图和左视图的括号中填写相应的字母。

1.

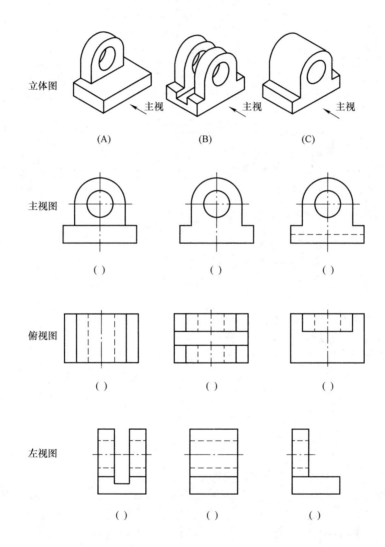

立体图

主视 主视 主视

(A) (B) (C)

主视图

( ) ( ) ( )

俯视图

( ) ( ) ( )

左视图

( ) ( ) ( )

2.

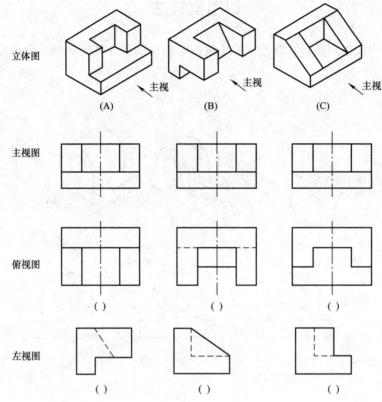

3-2　识读已知视图，选择正确的选项。

1. 识读主、俯视图，正确的左视图是（　　）。

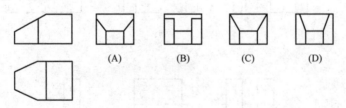

2. 识读主、俯视图，正确的左视图是（　　）。

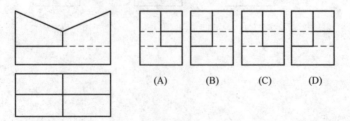

3. 识读左视图，正确的主视图是（　　　）。

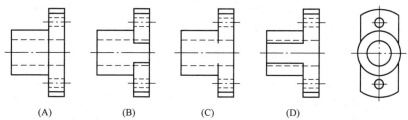

   (A)   (B)   (C)   (D)

4. 识读俯、左视图，正确的主视图是（　　　）。

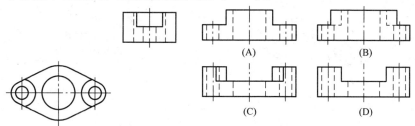

3-3　识读物体的立体图，补全三视图中所缺图线。

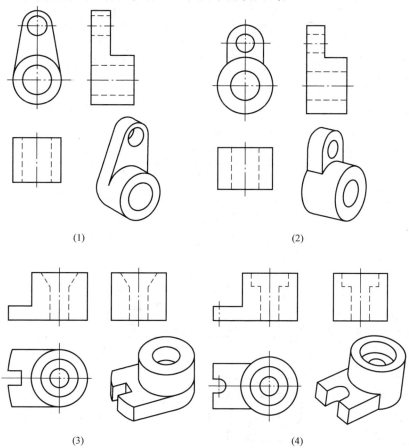

    (1)   (2)

    (3)   (4)

机械识图快速入门（第2版）

3-4　识读已知视图，想象物体的立体图，补画第三视图。

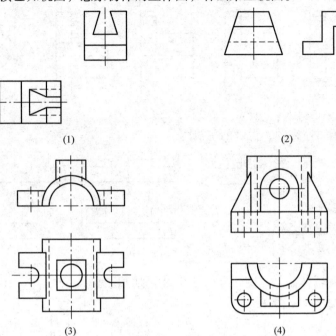

（1）　　　　　　　　　　　　　　　（2）

（3）　　　　　　　　　　　　　　　（4）

3-5　识读已知视图，指出长、宽、高三个方向的尺寸基准，标注组合体尺寸（不用注写数值）。

1.

2.

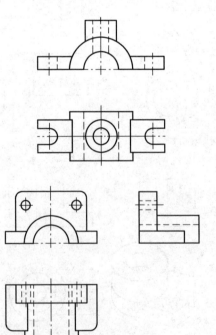

第四章

识 图 多 解

识图多解是指识读已知视图，构思出更多不同形状的立体。由于识读的结果必须符合已知视图，因此需要有广泛的空间思维能力和由此及彼的联想能力。这类形体的构思具有独特性、创造性和新颖性，对提高空间想象能力和思维能力有着重要的作用。本章主要介绍识图多解的思维基础、常见类型和识读方法。

第一节 识图多解的思维基础

要掌握识图多解的规律性，拓宽思维想象能力，必须先对视图中的线条、线框的空间含义进行分析、归纳和总结，从而为识读复杂图形奠定基础。

一、线与线对应

当已知两视图的投影线是特殊位置线（水平线或竖直线）且呈对应关系，但没有字母标记时，这种线与线对应可以表示多种线或面。

图4-1所示的三组视图中的两面视图均是特殊位置线，且对应坐标值相等。将投影图放到坐标系中，并向空间引投射线，其投射线将在空间上形成与投影面相平行的矩形平面。

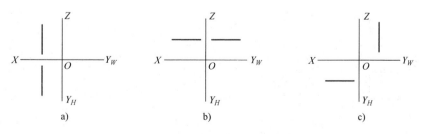

图4-1 线与线对应的图例

a）X值相等 b）Z值相等 c）Y值相等

图 4-2a 所示的矩形平面内通过矩形顶点的线，其正面和水平面的投影均是直线，这些投影线也可以是三角形平面、圆弧平面、矩形平面的投影。图 4-2b 是各种形状线和面的投影。

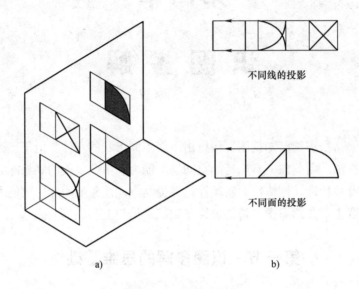

图 4-2　线与线对应的识读分析
a）投影形成过程分析　b）投影分析

二、线框与线框对应

如图 4-3 所示，已知两视图的投影线框，其形状为相同的矩形、梯形或三角形，且呈对应关系，若将投影视图放到投影坐标系中，投影面的垂直线落在线框上，则这种线框与线框对应表示多种线组、面或体。

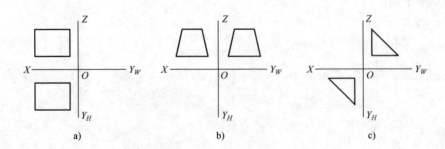

图 4-3　线框与线框对应的图例

如图 4-4a 所示，主、俯两面视图均为正方形线框，且呈对应关系，将此视图向空间引投射线，其投射线将在空间上交织成一个空间立方体，如图 4-4b 所示。在此立方体内，凡是过对角棱线的平面、曲面或两个相邻边呈垂直关系的体，其正面投影和水平投影的线框都是正方形。这些形体可以是立方体、1/4 圆柱体、直角三棱柱等，如图 4-5 所示。

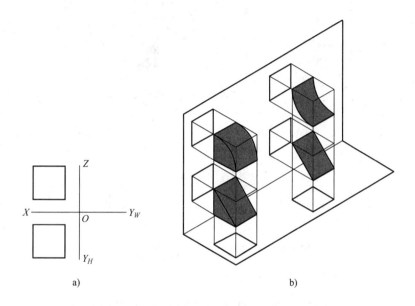

图 4-4　线框与线框对应的投影分析

图 4-5　线框与线框对应的形体的左视图

　　当已知两面投影视图中，其中一个线框同时对应两个或两个以上的线框或线段时，则这种线框多表示为空间形体。

　　如图 4-6a 所示，主、俯视图是两个相同的矩形线框，且呈对应关系。图 4-6b 所示为主、俯视图的空间投影原理，该投影图表达的都是以一个长方体为基本体，再切割出台阶面、圆弧面或斜面等，其正面、水平投影均为"日"字形线框。图 4-6c 所示为各种形体的左视图。

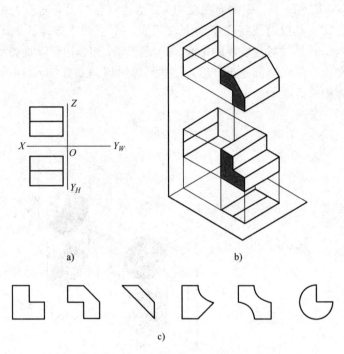

图 4-6　多个线框与线框对应的识读分析

第二节　识图多解的常见类型

在识读一些两面视图，构思立体形状时，所给的已知视图通常会缺少某些特征视图，其常见类型如下：

1）缺少形体的特征视图。

2）缺少形体各表面位置的特征视图。

3）缺少形体各部分相对位置的特征视图。

因此，在识读时，构思的形体往往是多样的，下面介绍这几种类型的构思方法。

一、缺少形体的特征视图

在已知的视图中，没有能反映出该形体基本特征的视图，即缺少形状特征视图，这时物体的特征形状是由识读者任意想象的，自然所构思的形体是多样的。在识读这类形体时，先从构思基本体的形状特征入手，然后用构思后的形体特征去验证是否符合已知视图的要求。

例 1　已知图 4-7a 所示的主、俯视图，试构思不同的立体形状，并补画左视图。

　　分析图 4-7a 所示的主、俯视图，该形体是由两个基本体叠加而成的，其中主视图中的矩形线框 1′ 与俯视图中的矩形线框 1 对应，主视图中的梯形线框 2′ 与俯视图中的梯形线框 2 对应，但均没有反映形状特征的视图，因此该视图可以表达多种形体。

　　构思立体图形时，可将该形体分成两个基本体，分别构思出立体形状特征，使构思的各种立体形状符合主、俯视图的要求。图 4-7b 所示基本体为已知视图中的矩形线框所对应的基本体 I，图 4-7c 所示基本体为已知视图中的梯形线框所对应的基本体 II，将两组基本体进行组合叠加，得到图 4-7d 所示的形体，其主、俯视图的投影都满足已知视图的要求。

　　图 4-7e 所示为各种形体的左视图，当左视图确定后，物体形状的唯一性就被确定下来。

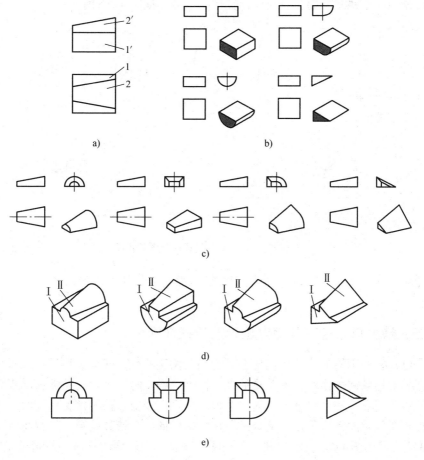

图 4-7　缺少形体特征视图的识读分析

二、缺少形体各表面位置的特征视图

在已知的视图中，没有能够反映形体表面位置关系的特征视图，即缺少表面位置特征视图，则这时形体的表面位置是由识读者任意想象的，同样，这种类型的形体往往也是多解的。在识读这类形体时，先确定各个基本体表面位置特征，再结合已知视图构思出物体的形状，使其符合已知视图的投影要求。

例2 根据图4-8a所示的主、俯视图，构思不同的立体形状，并补画出左视图。

分析已知视图可知，俯视图中的线框1、2、3既可以对应主视图中的线框，也可以对应主视图中的线段。当对应线段时，线框1、2、3表示水平面，其表面位置高低不能被确定，因此该视图缺少反映表面位置的特征视图，故该已知视图可以表达多种形体。

根据主、俯视图中的对应线框位置构思形体，如图4-8b所示。

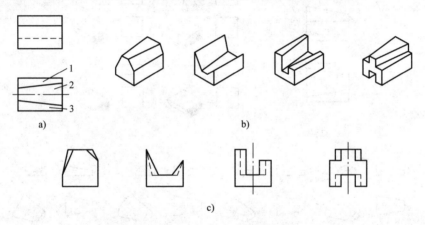

图4-8 缺少形体表面位置特征视图的识读分析

图4-8c所示为该形体的左视图，左视图被确定，其物体形状的唯一性就被确定下来。

三、缺少形体各部分相对位置的特征视图

当已知视图不能够反映形体各部分的相对位置特征，即缺少形体各部分位置特征视图，形体各部分相对位置关系的唯一性不能确定时，这种类型形体的识读也是多解的。其特点是一个线框对应另一个视图的多个线框。构思这类形体时，先从确定形体相对位置关系入手，再结合已知视图构思形体，使其符合已知视图的要求。

例3 根据图4-9a所示的主、俯视图，构思不同形状的物体，并画出左视图。

分析已知视图，俯视图中只能确定矩形线框和半圆形线框的前后相对位置关系，而主视图中却不能表达出矩形线框和半圆形线框的高低位置关系，因此已知视

图中的部分基本体的相对位置关系是不被确定的，故该已知视图可以表达多种形体。识读时，可将该形体想象成各种凸、凹关系的组合，如图4-9b所示。

1）矩形基本体凹入，半圆柱体凸出。

2）矩形基本体凸出，半圆柱体凹入。

3）三棱柱体、半圆柱体凸出，在六棱柱体底部、三棱柱下方挖出一个矩形槽。

4）三棱柱体、半圆柱体凸出，在六棱柱体底部前后位置分别挖出一个半圆柱槽和一个三棱柱槽。

图4-9c所示为该形体的左视图。当左视图被确定后，物体形状的唯一性就被确定下来。

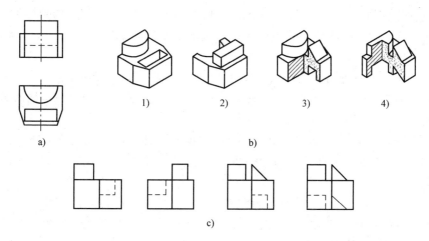

图4-9 缺少形体相对位置特征视图的识读分析

第三节 识图多解的识读方法

一、形体构思归纳法

形体构思归纳法是以识图者记忆的基本体的表面特征为基础，结合投影分析对照，根据归纳法应遵循的三条原则进行形体构思，从而归纳出正确的形体特征。其三条原则是：

1）构思形体的各部分能够组合成整体。

2）构思形体的轮廓形状符合已知视图的要求。

3）构思形体的可见性符合已知视图的要求。

例4 根据图4-10所示的主、俯视图，构思立体形状，并画出左视图。

如图4-10所示，主视图中的线框1′、2′、3′分别对应俯视图中的线段1、2、

3，三个线框均是正平面。由于该形体有一定的厚度，故三个线框对应为三个基本体。但三个基本体的前、中、后位置特征不能通过主、俯视图确定。而该已知视图表达的形体又比较有规则，是棱柱类或圆柱的凸、凹基本体，故比较适合使用归纳法进行形体构思，构思的形体应符合上述三条原则。

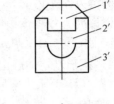
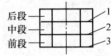

1）如图4-11a所示，该形体基本形状为阶梯状，在基本体前面挖出一个半圆柱槽，中间挖出一个矩形槽。三部分组成一个完整的形体，其轮廓形状的投影符合主、俯视图的要求，构思的形体成立。

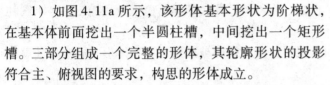

图4-10　形体构思归纳法示例

2）如图4-11b所示，其形状与图4-11a所示形体类似，只是在形体的后方挖去同前面形状相同的凹槽，其正面投影与前面形状的轮廓投影重合，只画出粗实线，细虚线省略。

3）如图4-11c所示，在形体的上半部分挖出前后形状相同的矩形槽，在形体前面的下半部分挖去一半圆柱槽。其主、俯视图的投影符合已知视图，且该形体为一个整体。

4）如图4-11d所示，其形状与图4-11c所示形体类似，只是将形体后方的矩形槽改成半圆柱槽，其位置和前面的凸圆柱等高，该形体主、俯视图的投影同样符合已知视图。

5）如图4-11e所示，其形状与图4-11c所示形体同样类似，只是在该形体的基础上，从其后面下方挖去一个位置与前面半圆柱形状相同的半圆柱槽，其投影视图同样符合已知视图的要求。

上述构思的五种形体，都能满足归纳法的三条原则，构思的形体都能成立。

图4-11f所示为上述五种形体的左视图，作图时可以按照形体分析法，先画出基本体形状，再逐一挖去各槽，并判断各轮廓线的可见性。

二、形体构思切割法

形体构思切割法是先假设基本体为单一基本体，然后在基本体上切割出空间形体的方法。

当已知一组视图中的外形轮廓都是矩形或接近矩形线框时，将基本体构思成立方体；然后再对视图进行分析，确定视图中线条和线框的含义，并根据想象的平面对基本体进行切割，使切割后形体的投影符合已知视图的要求。

例5　根据图4-12a所示的三视图，构思出几种不同形状的形体。

图4-12a所示的三视图中，其外形轮廓都是矩形，故设想该形体的基本体为长方体。主视图中的线框1′、3′，可以对应俯视图中的横向线、斜线或三角形线框，对应左视图中的竖向线、斜虚线或三角形线框。根据线、面的投影特性，可以

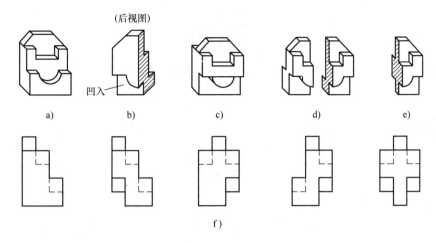

图 4-11 形体构思归纳法的识读分析

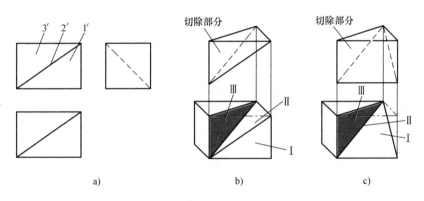

图 4-12 形体构思切割法的识读分析

将线框 1′、3′构思为正平面、铅垂面、侧垂面和一般位置平面。主视图中线条 2′可以对应俯视图中的三角形线框或斜线，对应左视图中的三角形线框或虚斜线。同样，根据线、面的投影特性，可以将线条 2′构思成正平面或一般位置直线。

根据上述分析，用线框所对应的平面对基本体进行切割，使切割后的立体形状符合已知视图的要求。

1）如图 4-12b 所示，该形体是在长方体的基础上，用一个相交的正垂面和铅垂面切割而成的。主视图中的线框 1′为正平面 I 的投影，线条 2′为正垂面 II 投影的积聚，线框 3′为铅垂面 III 的投影，构思后的形体符合已知视图的要求。

2）如图 4-12c 所示，该形体是在长方形的基础上，用一个相交的铅垂面和侧垂面切割而成的。主视图中的线框 1′为侧垂面 I 的投影，线条 2′是铅垂面和侧垂面的相交线，属于一般位置直线，线框 3′为铅垂面 III 的投影，构思后的形体符合已知视图的要求。

识图实训四

识读主、俯视图，想象不同立体形状，求作相应左视图。

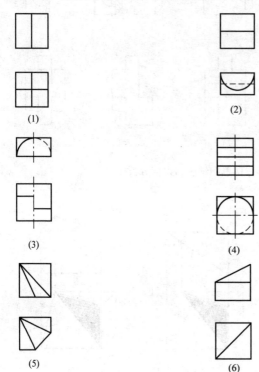

第五章

视图、剖视图和断面图的识读

第一节 视 图

在机件的表达过程中，视图通常用来表达机件的外部形状。常用的视图有基本视图、向视图、局部视图和斜视图。

一、基本视图

当机件的外部结构形状在各个方向（上下、左右、前后）都不相同时，三视图往往不能清晰地把它表达出来。为了清晰地表达机件六个方向的形状，在原有 H、V、W 三投影面体系的基础上，再增加三个基本投影面，这六个基本投影面组成六面体，将机件包围在其中，如图 5-1a 所示。将机件分别向六个基本投影面投影，得到的六个视图称为六个基本视图。在六个基本视图中，除了主视图、俯视图、左视图外，还有右视图、仰视图、后视图。六个基本投影面的展开方法如图 5-1b 所示，经过展开后各基本视图的配置如图 5-1c 所示。

国家标准规定，在同一张图纸内，按图 5-1c 配置视图时，一律不标注视图的名称。

六个基本视图之间仍然符合"长对正、高平齐、宽相等"的投影规律。图 5-2 用投影连线表明了上述的投影规律，即：

主、俯、仰、后：长对正。

主、左、右、后：高平齐。

俯、左、仰、右：宽相等。

除后视图以外，各视图的里边（靠近主视图的一边），均表示机件的后面，各视图的外边（远离主视图的一边），均表示机件的前面，即"里后外前"。

强调：虽然机件可以用六个基本视图来表示，但在实际应用中，是根据零件的复杂程度和结构特点选用必要的几个基本视图。一般而言，在六个基本视图中，应首先选用主视图，然后是俯视图或左视图，再视具体情况选择其他三个视图中的一

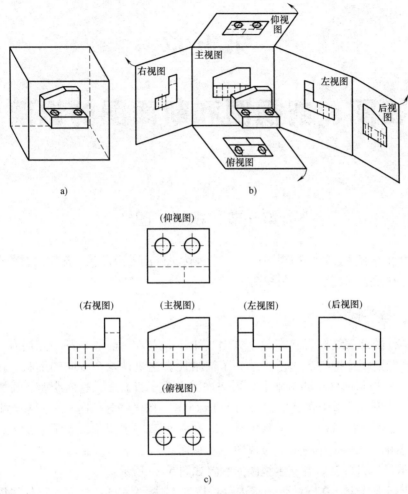

图 5-1 六个基本视图

个或一个以上的视图。

二、向视图

有时为了合理使用图纸，当基本视图不能按照配置关系布置时，可以用向视图来表示。

向视图是可以自由配置的视图，它的标注方法为：在向视图的上方注写"×"（×为大写的拉丁字母，如"A""B""C"等)，并在相应视图的附近用箭头指明投射方向，并注写相同的字母，如图 5-3 所示。

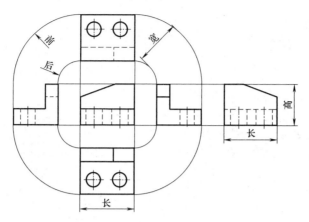

图 5-2　基本视图的投影关系

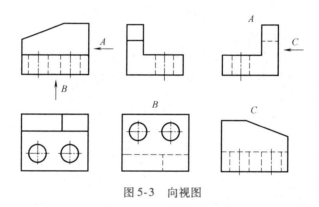

图 5-3　向视图

三、局部视图

将机件的某一部分向基本投影面投影所得的视图，称为局部视图。

当采用一定数量的基本视图表达机件后，机件上仍有尚未表达清楚的部分结构和形状，而又没有必要画出其完整的基本视图时，可采用局部视图。如图 5-4a 所示工件，画出了主视图和俯视图，已将工件基本部分的形状表达清楚，只有左侧凸台和右侧的连接板尚未表达清楚，此时可采用局部视图"A"向和"B"向，来表达所需要表达的部分，如图 5-4b 所示。这既表达了凸台和连接板的形状，又省略了其他形状的重复投影。

机件采用局部视图表达时，一般应标注，其标注方法与向视图相同。当局部视图按投影关系配置，中间又没有其他视图隔开时，可省略标注，如图 5-4b 中"A"可省略。

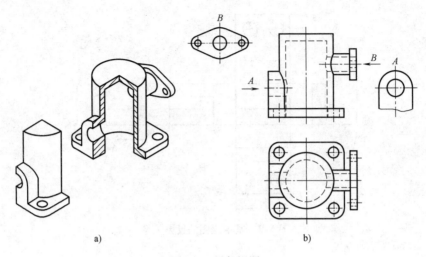

图 5-4　局部视图

a）立体图　b）平面图

局部视图的范围（断裂）边界用波浪线表示，如图 5-4b 中"A"向所示。当所表达的局部结构是完整的，且外轮廓线又成封闭时，波浪线可省略不画，如图 5-4b 中"B"向所示。

四、斜视图

将机件向不平行于任何基本投影面的辅助平面投影所得视图，称为斜视图。

图 5-5 所示为一个弯板形机件，它的倾斜部分在俯视图和左视图上的投影都不是实形。此时，就可以另设置一个与倾斜部分平行的辅助投影面 P，再将倾斜部分向这个投影面进行投射，所得到的视图就反映了该部分的实形，如图 5-5a 所示。

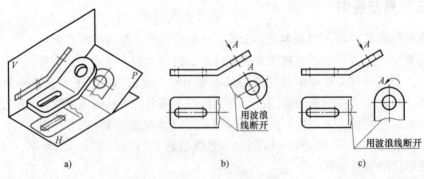

图 5-5　斜视图

斜视图通常只用于表达机件倾斜部分的实形，其余部分不必全部画出，而用波浪线断开。

斜视图一般按投影关系配置，其标注方法与向视图相同，如图 5-5b 所示。必要时也可配置在其他适当的位置。为了便于画图，允许将图形旋转摆正画出，此时斜视图名称要带旋转符号"⌒"或"⌒"，并且字母应写在靠近旋转符号的箭头一端，如图 5-5c 所示。

第二节　剖　视　图

视图虽能完整地表达机件的形状，但当机件的内部结构较复杂时，在视图中会出现很多虚线，而且这些虚线往往与机件的其他轮廓线重叠在一起，不便于看图及标注尺寸。因此，工程中常用剖视图来表达机件的内部结构。本节介绍剖视图的概念、剖切方法、剖视图的种类及剖视图的识读方法等内容。

一、剖视图的概念

1. 剖视图的形成

为表达机件的内部结构，假想用剖切平面剖开机件，将处在观察者与剖切平面之间的部分移去，而将其余部分向投影面投影所得到的视图称为剖视图（简称剖视）。

图 5-6a 所示机件的主视图，用虚线表达其内部结构，不够清晰。为使其几个

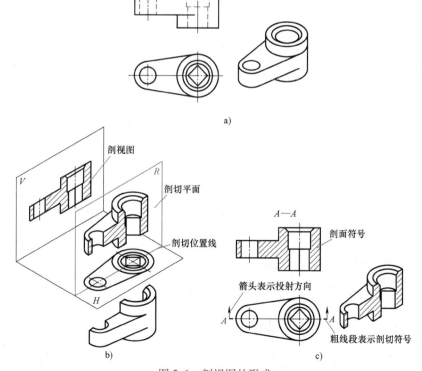

图 5-6　剖视图的形成

圆孔的投影在主视图中可见，假想用通过孔轴线的正平面把它剖开，移去剖切平面前的部分机件后，再向正投影面投影，则机件的圆孔等内部结构在主视图中都可见，如图 5-6b 所示。使原来不可见的内部结构在剖视图中成为可见部分，由虚线变为实线，由此可见，剖视图主要用于表达机件的内部结构，如图 5-6c 所示。

2. 剖面符号

在剖视图中，机件上被剖切平面剖到的实体部分叫剖断面（简称剖面）。为了区分机件的实体部分与空心部分，明确剖面的范围，使剖视图有层次感，国家标准中规定在剖面内画上剖面符号。对于各种不同的材料，应画不同的剖面符号。表 5-1 列出了部分剖面符号及其画法。

表 5-1　剖面符号

金属材料（已有规定剖面符号者除外）			木质胶合板	
线圈绕组元件			基础周围的泥土	
转子、电枢、交压器和电抗器等的迭钢片			混凝土	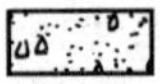
非金属材料（已有规定剖面符号者除外）			钢筋混凝土	
型砂、填砂、粉末冶金、砂轮、陶瓷刀片、硬质合金刀片等			砖	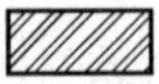
玻璃及供观察用的其他透明材料			格网（筛网、过滤网等）	
木材	纵剖面		液体	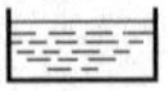
	横剖面			

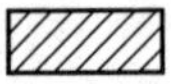

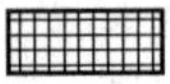

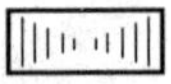

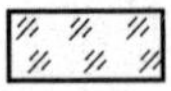

国家标准还规定：对于机件的筋、轮辐及薄壁等，如按纵向剖切，这些结构

通常按不剖绘制，即不画剖面符号，而用粗实线将它与邻接部分分开，如图 5-30 所示。

机件的材料多为金属，其剖面符号为与水平方向成 45°角，且相互平行、间隔均匀的细实线（左右倾斜都可以），习惯上称为剖面线，如图 5-6c 所示。同一机件在各个剖视图中的剖面线倾斜方向应相同，间距应相等。当图形中的主要轮廓线与水平线成 45°角时，则该图的剖面线应画成与水平线成 30°角或 60°角的细实线，如图 5-7 所示，主视图中的剖面线与水平线成 30°角，但俯视图中仍恢复为 45°角。

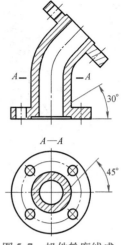

$A—A$

图 5-7 机件轮廓线成 45°时剖面线画法

3. 剖切平面的位置及剖视图的标注

剖切平面的剖切位置应尽量通过较多内部结构的轴线或对称中心线，尽可能与投影面平行，这样在剖视图中可反映剖面的实形，如图 5-6c 所示的剖切平面选择通过机件的前后对称面处，而平行于正投面。

剖视图的标注包括标注剖切位置、投射方向和剖视图名称。一般用两段粗短线（线宽 $1\sim1.5d$，长 $5\sim10\mathrm{mm}$，不要与图形轮廓线相交）表示剖切位置；在粗短线外侧画出与其相垂直的细实线和箭头表示投射方向；两侧写上同一字母"×"（×为大写的拉丁字母，如"A""B""C"等），在所画的剖视图上方中间，用相同的字母标出剖视图的名称"× – ×"，如图 5-6c 所示。

剖视图在下列情况下可以简化或省略标注：

1）当剖视图按投射方向配置，中间又没有其他图形隔开时，可省略箭头，如图 5-7 所示。

2）当单一剖切平面通过机件的对称面或基本对称面，且剖视图按投影关系配置，中间又没有其他图形隔开时，可以省略标注。图 5-7 和图 5-9c 中的主视图省略了标注。

二、剖视图的种类

按剖切面剖开机件的范围，剖视图分为：全剖视图、半剖视图和局部剖视图三种。

1. 全剖视图

用剖切平面完全地剖开机件所得到的视图，称为全剖视图。全剖视图主要用于外形简单、内形复杂的机件，如图 5-8 所示。

2. 半剖视图

当机件具有对称面（或基本对称），向垂直于对称面的投影面上投影时，可以对称中心线（细点画线）为界，一半画成剖视图表达机件的内部结构形状，另一

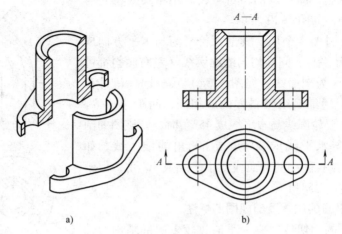

图 5-8　全剖视图

半画成视图表达机件的外部结构形状，这样组合的图形称为半剖视图。

图 5-9b 所示为机件的两个视图，从图中可知，该零件的内、外形状都比较复杂，但前后和左右都对称。为了清楚地表达这个支架，可用图 5-9a 所示的剖切方法，将主视图和俯视图都画成半剖视图（图 5-9c）。从图 5-9c 中可见：如果主视图采用全剖视图，则顶板下的凸台就不能表达出来；如果俯视图采用全剖视图，则长方形顶板及其四个小孔就不能表达出来。

半剖视图的优点在于，既能表达机件的外部形状，又能表达机件的内部结构，多用于机件内、外均需表达的对称机件或接近于对称的机件。

在半剖视图中，视图与剖视图的分界线为对称面的细点画线。因为机件是对称的，根据一半的形状就能想象出另一半的结构形状，所以识读半剖视图时，应"内外分别看，对称地想象"。

3. 局部剖视图

用剖切平面局部剖开机件所得的剖视图，称为局部剖视图。

如图 5-10 所示，机件的主视图剖开了左侧有两个孔的部分，俯视图右端剖开了一个小孔，视图中有三处局部剖视图，分别表达了三个孔。

局部剖视图也可以同时表达内外形状，但又不像半剖视图受条件限制，其视图与剖视图的分界线为细波浪线或双折线。

波浪线应画在机件实体部分，不能超出视图轮廓之外，在通孔或通槽中应断开，不能穿空而过，如图 5-11 所示。当用双折线时，没有此限制，如图 5-12 所示。

三、剖切面和剖切方法

由于机件的形状结构千差万别，因此画剖视图时，应根据物体的结构特点，选

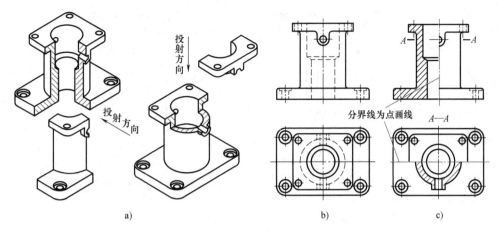

图 5-9　半剖视图

a) 立体图　b) 视图　c) 剖视图

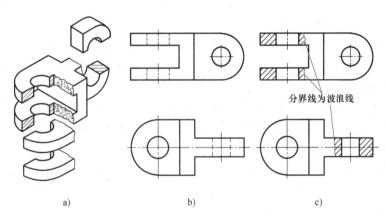

图 5-10　局部剖视图

a) 立体图　b) 视图　c) 剖视图

用不同的剖切面及相应的剖切方法，以便使物体的内外结构得到充分的表现。剖切
机件的方法有：单一剖切面和两个及以上的剖切平面。

1. 单一剖切面

（1）单一剖切　用一个剖切面剖开机件的方法称单一剖切。单一剖切时采用
的剖切面有平面和柱面，其中使用最多的是平面。单一剖切平面一般是基本投影面
的平行面，特殊情况下可以是基本投影面的垂直面。

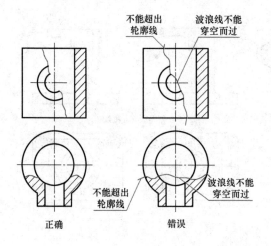

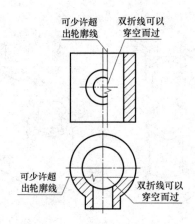

图 5-11　局部剖视图波浪线画法　　　　图 5-12　局部剖视图双折线画法

前面所示的全剖视图、半剖视图和局部剖视图均是采用平行于某一基本投影面的单一剖切平面剖切得到的剖视图。

当机件上的内部结构与基本投影面呈倾斜位置时，继续采用上述方法，在基本投影面上就得不到反映该结构的实形投影，这会给画图和读图带来困难。因此，需采用基本投影面的垂直面的斜剖方法，才能解决这一问题。

（2）斜剖　用垂直于某一基本投影面的单一剖切平面剖开机件的方法称为斜剖，所画出的剖视图称为斜剖视图。斜剖视图适用于机件上倾斜部分的内部实形需要表达的场合。

如图 5-13 所示，为了清晰地表达机件弯板的外形和小孔等结构，用平行于弯板的剖切面 "A—A" 剖开机件，然后在辅助投影面上求出剖切部分的投影即可。这种投影方式与斜视图非常相似。

识读斜剖视图时，应注意以下几点：

1）斜剖视图一般与基本视图保持直接的投影关系，如图 5-13b 中的 Ⅰ 所示；有时为了合理布置图幅，会将斜剖视图（保持原来的倾斜度）画到图纸的其他适当位置，如图 5-13b 中的Ⅱ所示；也可以转平后画出，但必须加注旋转符号 "⌒" 或 "⌒"，并且字母应写在靠近旋转符号的箭头一端，如图 5-13b 中的Ⅲ所示。

2）斜剖视主要用于表达倾斜面的结构，应按剖切平面位置处的箭头方向识读视图。

3）斜剖视图必须标注，其标注方法如图 5-13b 所示，箭头表示投射方向。

2. 两个及以上的剖切平面

（1）阶梯剖视图　用两个或多个互相平行的剖切平面把机件剖开的方法，称

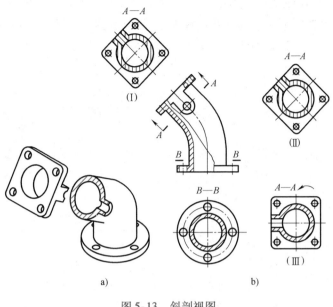

图 5-13 斜剖视图

a）立体图 b）剖视图

为阶梯剖，所画出的剖视图称为阶梯剖视图。它适宜于表达机件内部结构的中心线排列在两个或多个互相平行的平面内的情况。

如图 5-14a 所示，机件上三孔的中心分别位于三个平行的平面内，不能用单一剖切平面剖开，而是采用两个互相平行的剖切平面将其剖开，主视图即为采用阶梯剖方法得到的全剖视图，如图 5-14b 所示。

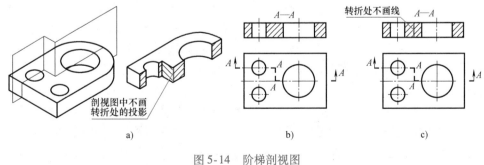

图 5-14 阶梯剖视图

a）立体图 b）正确 c）错误

由于剖切平面是假想的，所以剖视图中不应画出各剖切平面转折处的分界线，如图 5-14c 所示。

在剖视图中不应出现不完整的要素，如图 5-15c 中的长孔出现一半是错误的画法。当两个要素在图形上具有公共对称中心线或轴线时，可以各画一半，此时应以对称中心线或轴线为界，如图 5-15a、b 所示。

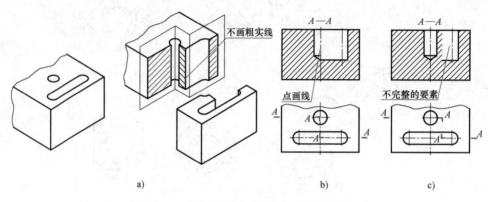

图 5-15　具有共同的对称中心线的阶梯剖
a）立体图　b）正确　c）错误

阶梯剖视必须在剖切平面迹线的起始、转折和终止的地方，用剖切符号表示它的位置，并写上相同的字母，如图 5-14 和图 5-15 所示；如果转折处位置有限，在保证视图清晰的情况下，也可省略字母，如图 5-20 所示。阶梯剖的其他标注与剖视图的标注相同。

（2）旋转剖视图　用两个相交的剖切平面（交线垂直于某一基本投影面）剖开机件的方法称为旋转剖，所画出的剖视图称为旋转剖视图。

例如图 5-16a 所示机件，它中间的大圆孔和均匀分布在四周的小圆孔都需要剖开表示，如果用相交于法兰盘轴线的侧平面和正垂面去剖切，并将位于正垂面上的剖切面绕轴线旋转到和侧面平行的位置，这样画出的剖视主视图就是采用旋转剖方法得到的全剖视图，如图 5-16b 所示。可见，旋转剖适用于有回转轴线的机件，而轴线恰好是两剖切平面的交线，并且两剖切平面一个为投影面的平行面，一个为投影面的垂直面。

画旋转剖视图时，必须要将投影面的垂直剖切面旋转到与选定的投影面的平行面（基本投影面）平行，以使投影能够表达实形。但剖切平面后面的结构，一般应按原来的位置画出它的投影，如图 5-17 中的小孔。注意图中纵向剖切筋不画剖面符号（剖面线），其画法详见图 5-30。

旋转剖视图必须标注，其标注方法与阶梯剖视图相同，如图 5-17 和图 5-18 所示。

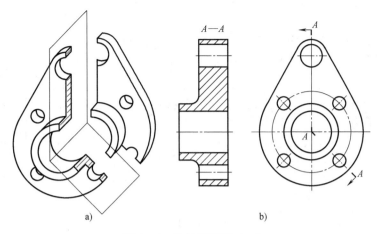

图 5-16　旋转剖视图（一）

a）立体图　b）剖视图

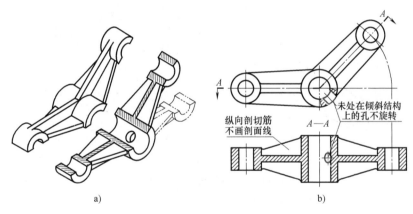

图 5-17　旋转剖视图（二）

a）立体图　b）剖视图

（3）复合剖视图　当机件的内部结构比较复杂，用阶梯剖或旋转剖仍不能完全表达清楚时，可以采用以上几种剖切平面的组合来剖开机件，这种剖切方法称为复合剖，所画出的剖视图称为复合剖视图。

如图 5-19a 所示的机件，为了在一个图上表达各孔、槽的结构，便采用了单一平面剖加旋转剖的复合剖视，如图 5-19b 所示。

如图 5-20a 所示的机件，为了在一个图上表达四个不同孔径的结构，便采用了阶梯剖加旋转剖的复合剖视，如图 5-20b 所示。

如图 5-21a 所示的机件，为了在一个图上表达多个不同位置和方向孔径的结

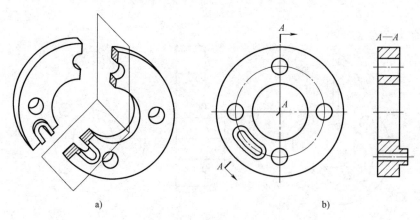

图 5-18　旋转剖视图（三）
a）立体图　b）剖视图

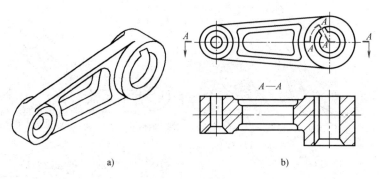

图 5-19　复合剖视图画法（一）
a）立体图　b）剖视图

构，便采用了多个旋转剖的复合剖视，如图 5-21b 所示。

　　复合剖与旋转剖、阶梯剖一样，均采用了两个以上剖切平面剖开机件，为明确表示这些剖切平面的位置，必须进行标注。一般情况下，复合剖的标注要求与旋转剖、阶梯剖一样（图 5-19、图 5-20），但对于采用展开画法的复合剖，其剖视图名称应为"×－×展开"（图 5-21）。必须注意，此时在起、止两端画出的箭头只表示投射方向，与剖切平面的旋转方向无关。

四、剖视图的识读

　　剖视只是一种表达机件内部结构的方法，并不是真正剖开和拿走一部分。因此，识读剖视图时，除要仔细分析剖切平面后的结构形状，正确判断出机件内部结构外，还要通过其他未剖视图，判断出机件外部结构，两者综合才能得出完整机件

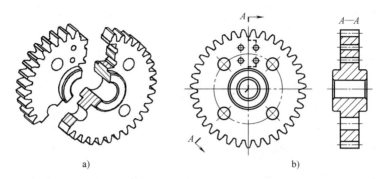

图 5-20　复合剖视图画法（二）

a）立体图　b）剖视图

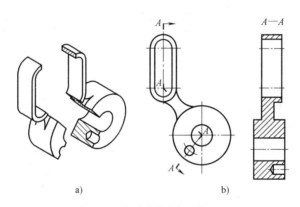

图 5-21　复合剖视图画法（三）

a）立体图　b）剖视图

的形状。下面介绍剖视图的识读方法。

1）首先找到剖切线的位置，再由剖切符号旁和剖视图上方标注字母找到对应的剖视图，如图 5-6c、图 5-8b 等所示。如果剖视图中没有作任何标注，那就说明该剖视图是通过零件的对称平面进行剖切后而画出的，如图 5-7、图 5-9 所示。

2）通过剖视图与视图的分界线来判断剖视图的类型。无分界线为全剖视图，如图 5-6c、图 5-7、图 5-14～图 5-21 所示；分界线是细点画线为半剖视图，如图 5-9 所示；分界线是细波浪线为局部剖视图，如图 5-10c 和图 5-11 所示。

3）剖视图可根据剖面符号（剖面线）来区分机件某一部分是实体的还是空心的。凡画有剖面符号的为机件的实体部分，反之则为空心部分，如图 5-6c、图 5-7 和图 5-8 等所示。应注意的是当剖切平面纵向剖切机件上的筋、轮辐及薄壁等时，则这些结构不画剖面线，如图 5-17 和图 5-30 所示。

4）剖视图中已表达清楚的结构，在剖视图和其他视图中的虚线一般可省略不画。

5）特别注意的是剖视图中未剖开孔的轴线（点画线）的识读。

第三节　断　面　图

一、断面图的基本概念

假想用剖切面将机件的某处切断，只画出该剖切面与机件接触部分的图形，这种图形称为断面图，简称断面。断面图主要用于表达一些特定结构如轴、轮辐、筋、键槽、型材的断面形状。

如图 5-22a 所示，为了得到键槽的断面形状，假想用一个垂直于轴线的剖切平面在键槽处将轴切断，只画出它的断面形状，并画上剖面符号。

断面图与剖视图的区别在于断面图只画出机件被切处的断面形状，而剖视图不仅要画出断面形状，还要画出断面之后的所有可见轮廓，如图 5-22b 所示。

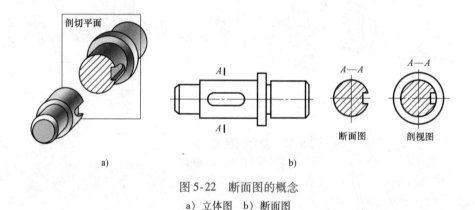

图 5-22　断面图的概念
a）立体图　b）断面图

二、断面图的种类

断面图分为移出断面图和重合断面图两种。

1. 移出断面图

画在视图轮廓之外的断面图称为移出断面图。图 5-23 所示断面即为移出断面图。它的画法要点如下：

1）移出断面图的轮廓线用粗实线画出，断面上画出剖面符号。移出断面图应尽量配置在剖切平面的延长线上，如图 5-23a 所示；必要时也可以画在图纸的适当位置，如图 5-23b 所示。

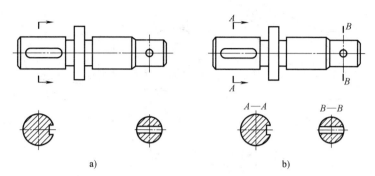

图 5-23 移出断面图的画法

2）当剖切平面通过由回转面形成的圆孔、圆锥坑等结构的轴线时，这些结构应按剖视画出，如图 5-24 所示。

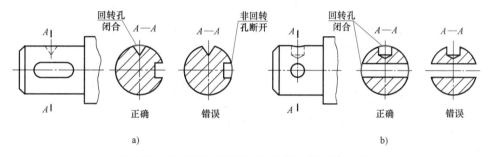

图 5-24 通过圆孔等回转面的轴线时断面图的画法

3）当剖切平面通过非回转面，会导致出现完全分离的断面时，这样的结构也应按剖视画出，如图 5-25 所示，否则按断面画出，如图 5-24a 中的键槽画法。

4）当断面图形对称时，移出断面也可画在视图的中断处，如图 5-26 所示。

5）为了表达切断表面的真实形状，剖切平面应垂直于所需表达机件结构的主

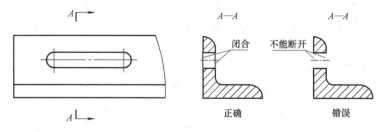

图 5-25 断面分离时的画法

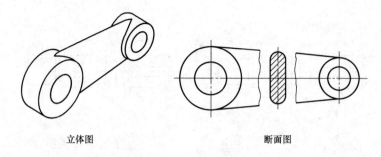

　　　　　立体图　　　　　　　　　　　　　　　　断面图

图 5-26　移出断面画在视图的中断处

要轮廓线或轴线，如图 5-27a 所示；由两个或多个相交剖切平面得出的移出断面，中间应断开，如图 5-27b 所示。

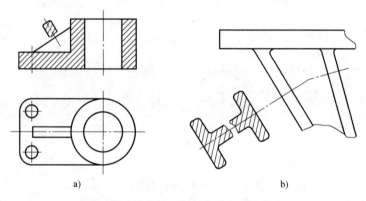

　　　　　a)　　　　　　　　　　　　　　　　　　b)

图 5-27　移出断面应垂直于主要轮廓线

2. 重合断面图

　　画在视图轮廓之内的断面图称为重合断面图。图 5-28 所示的断面图即为重合断面图。

　　为了使图形清晰，避免与视图中的线条混淆，重合断面的轮廓线用细实线画出。当重合断面的轮廓线与视图的轮廓线重合时，仍按视图的轮廓线画出，不应中断，如图 5-28a 所示。

3. 剖切位置与标注

　　1）当移出断面配置在剖切位置的延长线上时，如果该移出断面为对称图形，只需用细点画线标明剖切位置，可以不标注剖切符号、箭头和字母，如图 5-23a 中右端视图所示；如果该移出断面为不对称图形，则必须标注剖切位置和箭头，但可以省略字母，如图 5-23a 中左端视图所示。

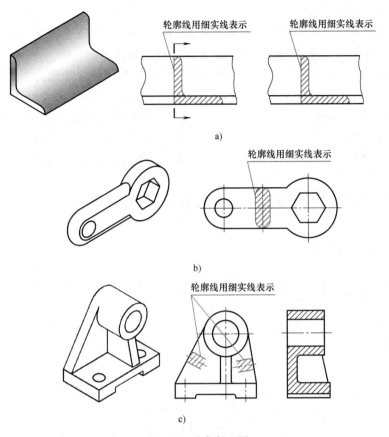

图 5-28　重合断面图

2）当移出断面不配置在剖切位置的延长线上时，如果该移出断面为不对称图形，必须标注剖切符号与带字母的箭头，以表示剖切位置与投射方向，并在断面图上方标出相应的名称"×－×"，如图 5-23b 中左端视图所示；如果该移出断面为对称图形，因为投射方向不影响断面形状，所以可以省略箭头，如图 5-23b 中右端视图所示。

3）当移出断面按照投影关系配置时，不管该移出断面为对称图形或不对称图形，因为投射方向明显，所以可以省略箭头，如图 5-24 所示。

4）当重合断面为不对称图形时，可标注其剖切位置和投射方向，如图5-28a 中间视图所示；或省略标注，如图 5-28a 右边视图所示。当重合断面为对称图形时，一般不必标注，如图 5-28b 所示。

三、断面图的识读

1）断面图的识读方法与剖视图相同。首先，也应从剖切位置及所标注的字母着手，找到相应的断面图。

2）断面图配置在视图轮廓之外的为移出断面图；在视图轮廓之内的为重合断面图。移出断面图一般有标注，重合断面图无任何标注。

3）参照识读视图的步骤和方法搞清楚机件的外形结构，并结合断面搞清楚机件的内部结构，最后想象出机件的形状。

4）识读时还应注意断面图的一些规定画法，如当剖切平面通过回转面形成的孔或凹坑的轴线时，其断面应按剖视画出，如图5-24所示；当剖切平面通过非圆孔，会导致出现完全分离的两个断面时，这些结构也应按剖视画出，如图5-25所示。

第四节　其他常用表达方法

一、局部放大图

当机件上一些细小的结构在视图中表达不够清晰，又不便标注尺寸时，可用大于原图形所采用的比例单独画出这些结构，这种图形称为局部放大图。

局部放大图可画成视图、剖视图、断面图，它与被放大部分的表达方式无关，如图5-29所示。

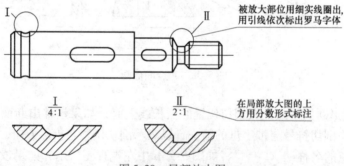

图5-29　局部放大图

在绘制局部放大图时，采用细实线圈出被放大的部位，局部放大图应尽量配置在被放大部位的附近。当同一机件上有几处被放大时，必须用罗马数字依次标明被放大的部位，并在局部放大图的上方将相应的罗马数字和所采用的比例，用细横线上下分开标出，如图5-29中的Ⅰ和Ⅱ两处部位。

当机件上仅有一个被放大的部位时，在局部放大图的上方只需注明所用的比例。此比例应为局部放大图与实物相应要素的线性尺寸之比。

二、简化画法和其他规定画法

1. 剖视图的规定画法

1）对于机件上的筋、轮辐及薄壁等，如按纵向剖切，这些结构均不画剖面符号，并用粗实线将它与其他结构分开；如横向剖切，仍应画出剖面符号，如图 5-30a、b 所示。

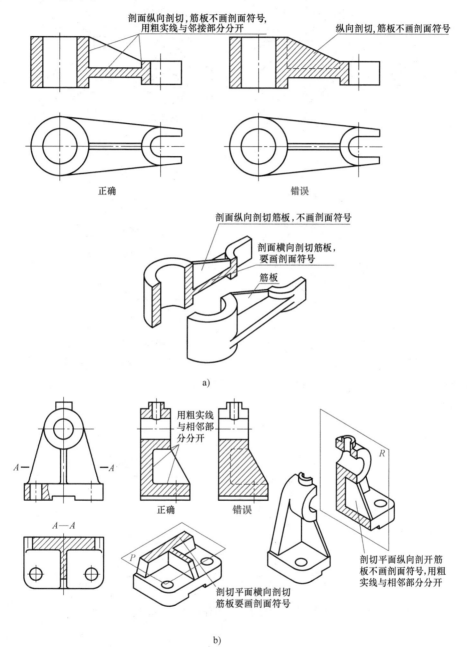

图 5-30　筋的剖视图画法

2）当回转体机件上均布的筋、轮辐、孔等结构不处于剖切面时，可将这些结构沿回转轴旋转到剖切面上画出，且不必标注，如图5-31所示。

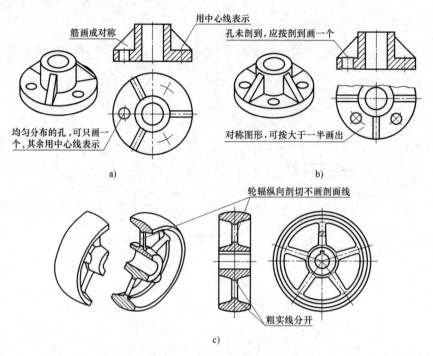

图 5-31　均布孔、筋的剖视图画法

3）在剖视图的剖面中可以再做一次局部剖视。采用如这种画法时，两者的剖面线应同方向、同间隔，但要相互错开，并用引出线标注其名称，如图5-32b中的 *B—B* 所示。

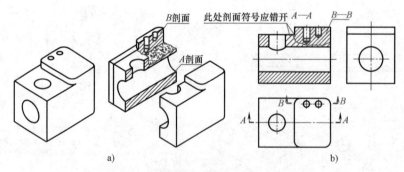

图 5-32　在剖视图上再作一次局部剖视

a）立体图　b）剖视图

4）假想投影轮廓的画法。在需要表达剖切平面前面的结构时（图5-33a），为了减少视图量，这些结构按假想投影的轮廓，用双点画线画出，如图5-33b所示。

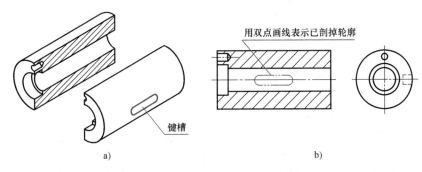

图 5-33 假想投影轮廓的画法

a）立体图 b）剖视图

2. 相同结构的简化画法

1）当机件具有若干相同结构（如齿、槽等）并按一定规律分布时，只要画出几个完整的结构，其余用细实线连接，但在图中必须注明该结构的总数，如图 5-34a、b 所示。

2）当机件具有若干直径相同的孔（圆孔、螺孔、沉孔等）时，也可以只画出一个或几个，其余只需用点画线画出孔中心位置，并在图上注明孔的总数，如图 5-34c 所示。

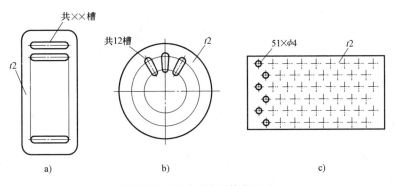

图 5-34 相同结构的简化画法

3. 对称图形的简化画法

1）在不致引起误解时，对于对称机件的视图可只画大于一半的图形，如图 5-31b 所示；也可只画一半，但必须在对称中心线两端画出两条与其垂直的平行细实线，如图 5-35a 所示；如在两个方向对称的图形，可画四分之一，如图5-35b 所示。

2）圆柱形法兰和类似机件上的均匀分布的孔，可按图 5-36 的方法绘制，孔的位置按规定从机件外向该法兰端面方向投影所得的位置画出。

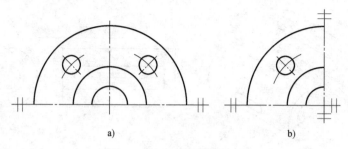

图 5-35　对称图形的简化画法

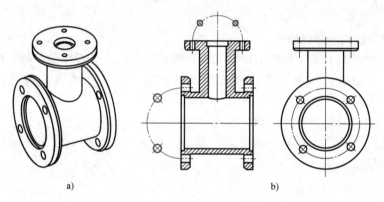

图 5-36　法兰上均布孔的简化画法

a）立体图　b）剖视图

4. 图形中投影的简化画法

1）对于机件上与投影面的倾斜角度≤30°的圆或圆弧，其投影可用圆或圆弧代替，如图5-37a所示。

2）在不致引起误解时，机件上较小结构的过渡线，相贯线允许简化用直线代替非圆曲线，如图5-37b所示。

3）在不致引起误解时，机件图中的小圆角、锐边的小倒圆或45°小倒角，允许省略不画，但必须注明尺寸或在技术要求中加以说明，如图5-37c所示。

4）斜度和锥度较小时，其他投影也可按小端画出，如图5-37d所示。

5. 用平面符号表示平面

当机件上的平面投影在视图中不能充分表达时，可用平面符号（两条相交的细实线）表示，如图5-38和图5-39所示。其中图5-38b所示为完整画法，图5-38c所示为简化画法。

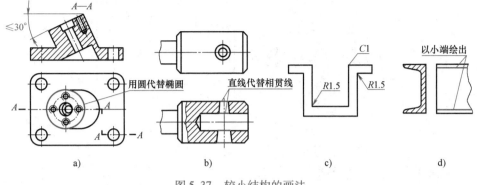

图 5-37 较小结构的画法

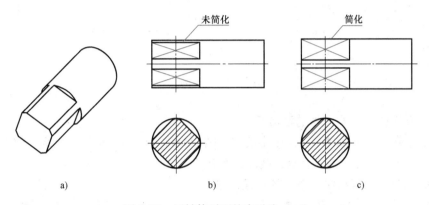

图 5-38 回转体平面的表示法（一）

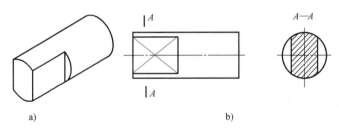

图 5-39 回转体平面的表示法（二）

a）立体图 b）剖视图

6. 较长机件的折断画法

较长的机件（轴、杆、型材等），沿长度方向的形状一致或按一定规律变化时，可断开缩短绘制，但必须按原来实长标注尺寸，如图 5-40 所示。机件断裂边缘常用细波浪线、双折线画出，如图 5-40a、b 所示；圆柱断裂边缘常用花瓣形画出，如图 5-40c、d 所示。

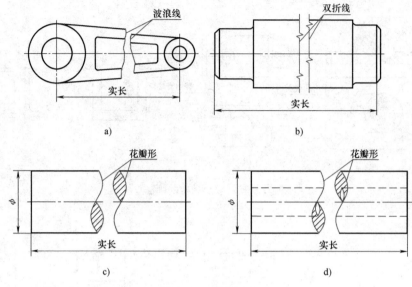

图 5-40　折断画法

7. 允许省略剖面符号的移出断面

在不致引起误解时，零件图中的移出断面允许省略剖面符号，但剖切位置和断面图的标注必须遵照国家标准的规定，如图 5-41 所示。

8. 网状物、编织物或滚花的示意画法

机件上有网状物、编织物或滚花部分时，可在轮廓线附近用粗实线示意画出，并在零件图或技术要求中注明这些结构的具体要求，如图 5-42 所示。

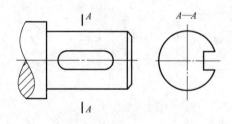

图 5-41　移出断面图的简化画法

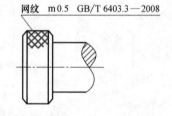

图 5-42　滚花的示意画法

三、机件表达方法识读举例

图 5-43 所示为阀体的表达方案，试分析其立体图的形状。

1. 图形分析

阀体的表达方案共有五个图形：两个基本视图（全剖主视图"B—B"、全剖

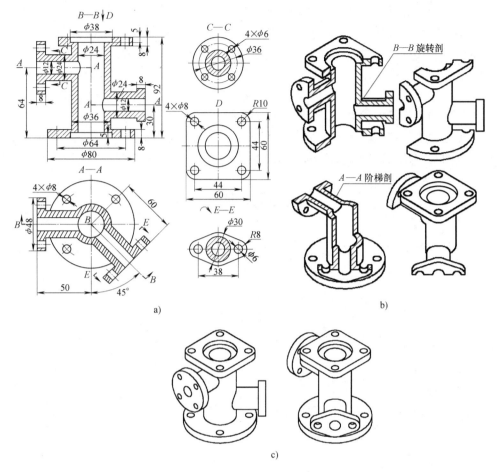

图 5-43 阀体的表达方案

俯视图 "*A—A*")、一个局部视图（"*D*"向）、一个局部剖视图（"*C—C*"）和一个斜剖的全剖视图（"*E—E*"旋转），如图 5-43a 所示。

主视图 "*B—B*" 是采用旋转剖画出的全剖视图，表达阀体的内部结构形状；俯视图 "*A—A*" 是采用阶梯剖画出的全剖视图，着重表达左、右管道的相对位置，还表达了下连接板的外形及其上 $4 \times \phi 8$ 小孔的位置。"*C—C*"局部剖视图，表达左端管连接板的外形及其上 $4 \times \phi 6$ 孔的大小和相对位置；"*D*"向局部视图，相当于俯视图的补充，表达了上连接板的外形及其上 $4 \times \phi 8$ 孔的大小和位置。因右端管与正投影面倾斜 $45°$，所以采用斜剖画出 "*E—E*" 全剖视图，以表达右连接板的形状。

2. 形体分析

由图形分析中可见，阀体的构成大体可分为管体、上连接板、下连接板、左连接板、右连接板等五个部分。

管体的内外形状通过主、俯视图已表达清楚，它是由中间一个外径为 36mm、内径为24mm的竖管，左边一个距底面64mm、外径为24mm、内径为12mm的横管，右边一个距底面30mm、外径为24mm、内径为12mm、向前方倾斜45°的横管三部分组合而成。三段管子的内径互相连通，形成有四个通口的管件，如图5-43b所示。

阀体的上、下、左、右四块连接板形状大小各异，这可以分别由主视图以外的四个图形看清它们的轮廓，它们的厚度为8mm。

通过分析形体，想象出各部分的空间形状，再按它们之间的相对位置组合起来，便可想象出阀体的整体形状，如图5-43c所示。

识图实训五

5-1 识读主、俯、左视图和立体图，补画右、后、仰视图。

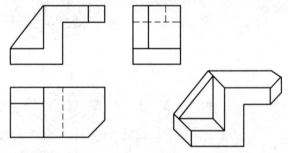

5-2 识读主、俯视图，想象立体图，画出斜视图和局部视图。

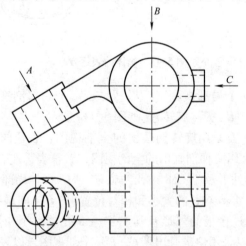

5-3 识读主、俯视图，补画主视图中的漏线。

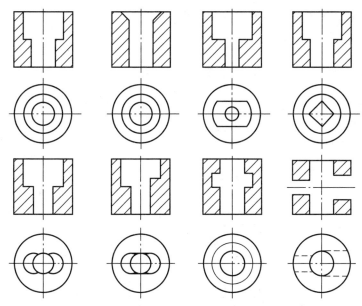

5-4　识读已知视图，想象立体图，改正剖视图中的错误。

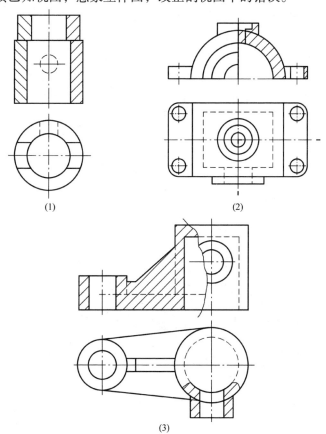

(1)　　　　　　　　　　(2)

(3)

机械识图快速入门（第2版）

5-5 识读已知视图，按照要求画出相应的图形。

1. 在指定位置将主视图画成全剖视图。

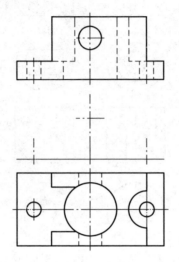

2. 在指定位置将主视图画成半剖视图。

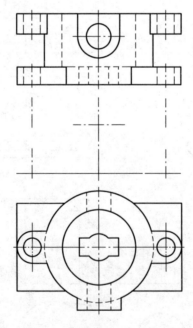

3. 在指定位置将主视图画成阶梯剖视图。

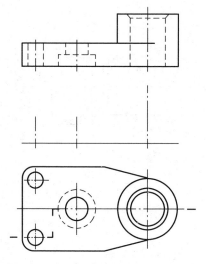

4. 在指定位置将主视图画成旋转剖视图。

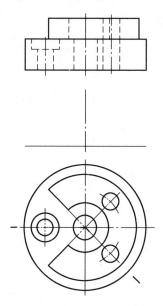

5. 在指定位置画出移出断面图（物体前后对称）。

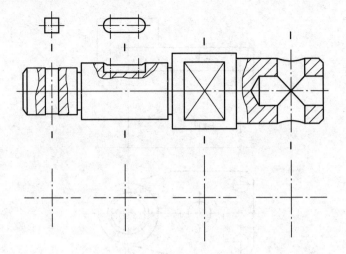

第六章

第三角视图的识读

我国的工程图样是按正投影法并采用第一角画法绘制的，而有些国家（如英国、美国等）的图样是按正投影法并采用第三角画法绘制的。

第一节　第三角投影法的概念

如图6-1所示，由三个互相垂直相交的投影面组成的投影体系，把空间分成了八个部分，每一部分为一个分角，依次为Ⅰ、Ⅱ、Ⅲ、…、Ⅷ分角。将机件放在第一分角进行投影，称为第一角画法。而将机件放在第三分角进行投影，称为第三角画法。

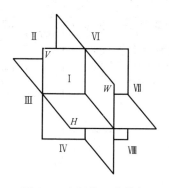

图6-1　空间的八个分角

第二节　第三角画法与第一角画法的区别

第三角画法与第一角画法的区别在于人（观察者）、物（机件）、图（投影面）的位置关系不同。采用第一角画法时，是把物体放在观察者与投影面之间，从投射方向看是"人、物、图"的关系，如图6-2所示。

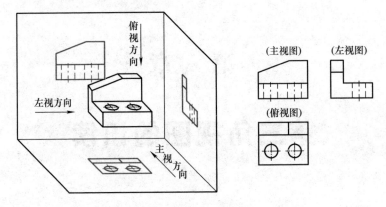

图 6-2　第一角画法原理

而采用第三角画法时，是把投影面放在观察者与物体之间，从投射方向看是"人、图、物"的关系，如图 6-3 所示。投影时就好像隔着"玻璃"看物体，将物体的轮廓形状印在"玻璃"（投影面）上。

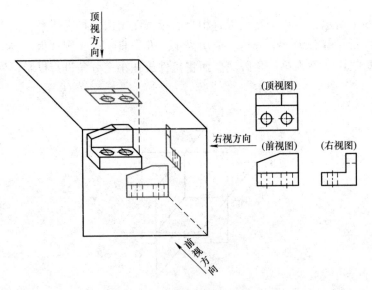

图 6-3　第三角画法原理

第三节　第三角投影图的形成

采用第三角画法时，从前面观察物体在 V 面上得到的视图称为前视图；从上面观察物体在 H 面上得到的视图称为顶视图；从右面观察物体在 W 面上得到的视图称为右视图。各投影面的展开方法是：V 面不动，H 面向上旋转 90°，W 面向右

124

旋转90°，使三投影面处于同一平面内，展开后三视图的配置关系如图6-3所示。第三角投影图同样符合"长对正、高平齐、宽相等"的投影规律，并且顶视图和前视图的里边（靠近主视图的一边）均表示机件的前面，其外边（远离主视图的一边）均表示机件的后面，即"里前外后"，如图6-4所示。

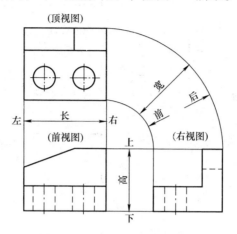

图6-4 第三角三视图的投影关系

采用第三角画法时也可以将物体放在正六面体中，分别从物体的六个方向向各投影面进行投影，得到六个基本视图，即在三视图的基础上增加了后视图（从后往前看）、左视图（从左往右看）、底视图（从下往上看），如图6-5a所示。展开后六视图的配置关系，如图6-5b所示。国家标准规定，我国绘制技术图样应以正投影法为主，并采用第一角画法，必要时（如按合同规定等），允许采用第三角画法。

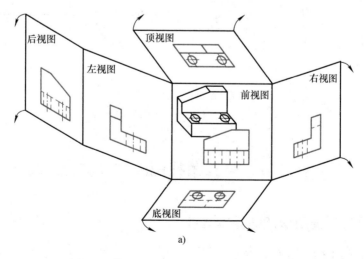

a)

图6-5 第三角画法投影面展开及视图的配置

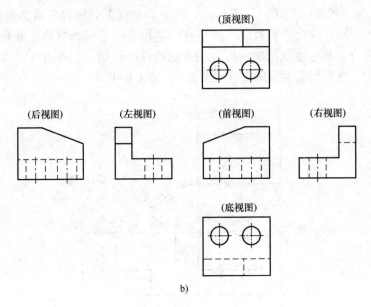

b)

图 6-5　第三角画法投影面展开及视图的配置（续）

第四节　第一角和第三角画法的识别符号

在国际标准中规定，可以采用第一角画法，也可以采用第三角画法。为了区别这两种画法，规定在标题栏中专设的格内用规定的识别符号表示，如图 6-6 所示。

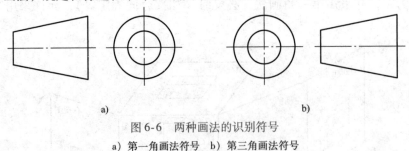

a)   b)

图 6-6　两种画法的识别符号

a）第一角画法符号　b）第三角画法符号

第五节　第三角视图的识读方法

一、第三角视图识读的基本方法

1. 明确视图名称和投射方向

根据已知视图的配置关系，确定前视图以及其他视图，并在前视图的基础上确定各个视图的投射方向。如图 6-7a 所示，三个视图分别为顶视图、前视图和左视图，其投射方向如图 6-7b 中箭头所示。

2. 分线框、对投影和想形体

对已知视图和投影关系进行分析，初步确定物体的组成部分，想象出各组成部分的形体结构。以前视图为主，按照"长对正、高平齐、宽相等"关系，确定线框 1′、1、1″和线框 4′、4、4″的对应关系，由线框 1′和线框 4′，想象出带圆孔的底板Ⅰ，并切出槽Ⅳ；根据线框 2′、2、2″和线框 3′、3、3″的对应关系，再以线框 2′、3′为主，想象出竖板Ⅱ上贴有凸缘Ⅲ，并且有 U 形槽。

3. 综合想象出整体形状结构

通过视图分析出各组成部分形状结构后，还需要根据视图中体现的相对位置关系，综合想象出物体的整体形状结构。从顶视图、左视图所表示的前后位置关系，确定竖板Ⅱ叠加在底板Ⅰ的右后方，底板Ⅰ上的方槽Ⅳ在前方，立体图如图 6-7b 所示。

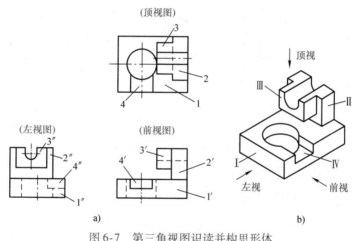

图 6-7 第三角视图识读并构思形体

a) 三个视图 b) 立体图

二、第三角视图识读举例

根据两面视图求作第三面视图时，应先依照已知视图构想出物体的整体形状结构，然后按照"长对正、高平齐、宽相等"的关系，作出第三面视图。在作图中，必须清楚所求视图的投射方向和前后位置关系。

例 1 如图 6-8a 所示，已知第三角画法的前、顶视图，求作右视图。

通过分析前、顶视图的投影关系可知，该物体由底板和竖板两部分组成，如图 6-8b 所示。

求作右视图的过程如图 6-8c 所示。画底板时需要注意，矩形槽在物体的前方，故应画在右视图靠前视图的一边；画竖板时应注意，竖板叠加在底板的右后方，故应画在远离前视图的一边。

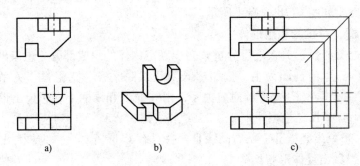

图 6-8　求作右视图

例 2　如图 6-9a 所示，已知第三角画法的前、右视图，求作顶视图。

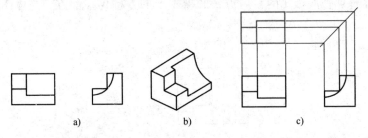

图 6-9　求作顶视图

通过分析前、右视图的投影关系可知，该物体是在长方体上左边切出方槽，右边切出四分之一圆柱后形成的，如图 6-9b 所示。

求作顶视图的过程如图 6-9c 所示。

识图实训六

6-1　识读前、右视图，根据立体图，求作顶视图。

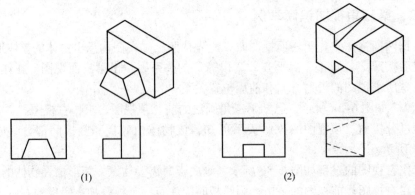

(1)　　　　　　　　　　　　　(2)

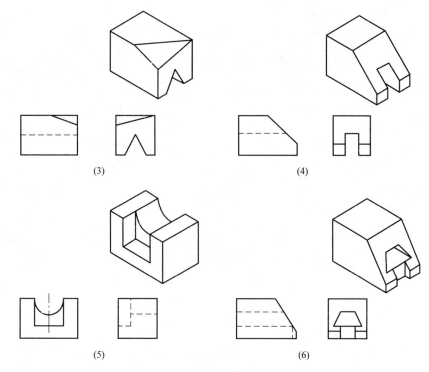

(3)　　　　　　　　　　　(4)

(5)　　　　　　　　　　　(6)

6-2　识读前、顶视图，想象出物体立体图，求作右视图。

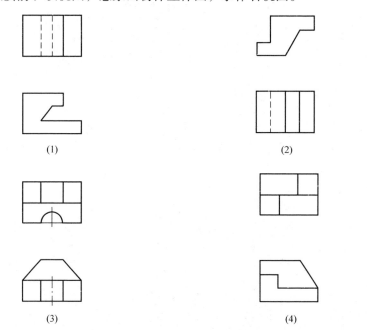

(1)　　　　　　　　　　　(2)

(3)　　　　　　　　　　　(4)

(5)

(6)

第七章

标准件和常用件图样的识读

在机械和设备中，经常使用到螺钉、螺栓、螺母、垫圈、键、销、齿轮、滚动轴承等零件。这些零件中，整体结构和尺寸已由国家制定了标准的零件（如螺钉、螺栓、螺母、垫圈、键、销、滚动轴承等）称为标准件，只是部分结构和尺寸制定了标准的零件（如齿轮等）称为常用件。本章主要介绍标准件和常用件的画法、标记及识读。

第一节 螺 纹

一、螺纹的形成和基本要素

1. 螺纹的形成

螺纹是零件上常见的结构形式，经常用于零件之间的联接和传动。螺纹有外螺纹和内螺纹两种。在圆柱或圆锥外表面上加工出来的螺纹称为外螺纹，在圆柱或圆锥孔内表面上加工出来的螺纹称为内螺纹。螺纹加工的方法很多，常见的有在车床上车削内、外螺纹，也可以滚压螺纹，还可以用丝锥和板牙等手工工具加工螺纹，如图 7-1 所示。

2. 螺纹的基本要素

螺纹的基本要素包括牙型、直径（大径、小径、中径）、螺距和导程、线数、旋向等。

（1）牙型 通过螺纹轴线断面上的螺纹断面轮廓形状称为螺纹牙型。螺纹的牙型有三角形、梯形和锯齿形等。常用的标准螺纹分类见表 7-1。

（2）直径 其代号用字母表达，小写指外螺纹，大写指内螺纹。

大径（d、D）是指与外螺纹的牙顶或内螺纹的牙底相重合的假想圆柱面的直径，又称公称直径。小径（d_1、D_1）是指与外螺纹的牙底或内螺纹的牙顶相重合的假想圆柱面的直径。中径（d_2、D_2）是指母线通过牙型上沟槽和凸起宽度相等地方的一个假想圆柱面的直径，如图 7-2 所示。

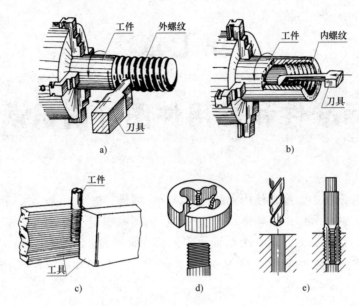

图 7-1　螺纹加工示例

a）车削外螺纹　b）车削内螺纹　c）滚压螺纹　d）套外螺纹　e）攻内螺纹

表 7-1　常用标准螺纹的分类

螺纹种类及特征代号		外形及牙型图	功　用
联接螺纹	普通螺纹 M	60°	分粗牙和细牙两种，粗牙用于一般机件的联接，细牙用于薄壁或精密机件的联接
	55°非密封管螺纹 G	55°	用于管路零件的联接
	55°密封管螺纹： 与圆柱（或圆锥）内螺纹相配合的圆锥外螺纹 R_1（或 R_2） 圆柱内螺纹 Rp 圆锥内螺纹 Rc	55°	用于高温、高压系统和润滑系统，适用于管子、管接头、旋塞、阀门等

（续）

螺纹种类及特征代号		外形及牙型图	功　用
传动螺纹	梯形螺纹 Tr	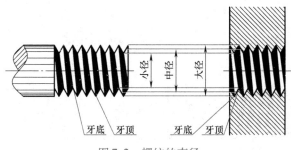	用于传递运动或动力，各种机床上的丝杠采用这种螺纹
	锯齿形螺纹 B		用于传递单向动力，如螺旋压力机的传动丝杠就采用这种螺纹

图 7-2　螺纹的直径

（3）线数（n）　形成螺纹的螺旋线的条数，螺纹有单线和多线之分，如图 7-3 所示。

（4）螺距（P）和导程（Ph）　相邻两牙在中径线上对应点之间的轴向距离称为螺距，同一条螺旋线上相邻两牙中径线上对应点之间的轴向距离称为导程，如图 7-3 所示。

（5）旋向　螺纹的旋向有左旋和右旋之分。按顺时针方向旋进的螺纹称为右旋螺纹，按逆时针方向旋进的螺纹称为左旋螺纹，左旋用 LH 表示。也可用左、右手来判别其旋向，如图 7-4 所示。

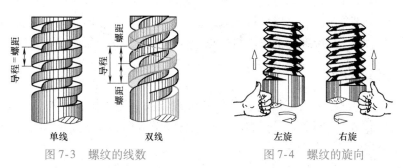

图 7-3　螺纹的线数　　　　　图 7-4　螺纹的旋向

牙型、大径、螺距、线数和旋向是确定螺纹几何尺寸的五要素。螺纹牙型、大径和螺距是决定螺纹的最基本要素，称为螺纹三要素。

二、螺纹的规定画法

国家标准《机械制图　螺纹及螺纹紧固件表示法》（GB/T 4459.1—1995）中规定了螺纹的画法。

1. 外螺纹的画法

如图 7-5 所示，在投影为非圆的视图上，螺纹大径圆的投影和螺纹终止线用粗实线绘制，螺纹小径圆的投影用细实线绘制，并画到倒角或倒圆处。在投影为圆的视图上，大径圆用粗实线画整圆，小径圆用细实线画约 3/4 圆，倒角圆省略不画。

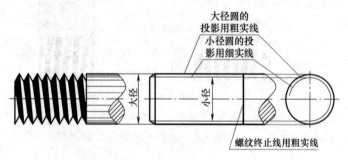

图 7-5　外螺纹的画法

2. 内螺纹的画法

如图 7-6 所示，在投影为非圆的视图上，画剖视图时，螺纹大径圆的投影用细实线绘制，小径圆的投影和螺纹终止线用粗实线绘制；在投影为圆的视图上，小径圆用粗实线画整圆，大径圆用细实线画约 3/4 圆，倒角圆省略不画。未剖时，螺纹的所有图线按虚线绘制。

3. 内、外螺纹联接的画法

内、外螺纹旋合在一起时，称为螺纹联接。只有五要素完全相同的外螺纹和内螺纹才能相互旋合在一起。以剖视图表示内、外螺纹的联接时，其旋合部分应按外螺纹的画法绘制，其余部分仍按各自的画法表示，如图 7-7 所示。

三、螺纹的标注

由于螺纹的投影采用了简化画法，各种螺纹的画法相同，在图样中不反映牙型、螺距、线数、旋向等要素，因此必须对螺纹进行标注。

1. 普通螺纹和传动螺纹

普通螺纹和传动螺纹（梯形螺纹）用尺寸标注形式注在内、外螺纹的大径上。

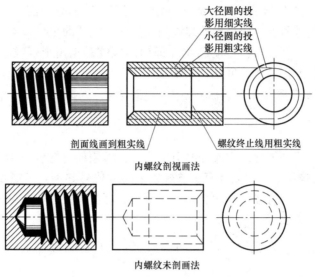

图 7-6 内螺纹的画法

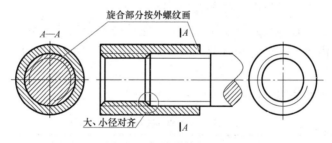

图 7-7 螺纹联接的画法

1）普通螺纹标注的具体项目和格式如下：

$$\boxed{螺纹特征代号}\boxed{公称直径}\times\boxed{螺距}\ 或\ \boxed{Ph\ 导程\ P\ 螺距}$$

$$-\boxed{中径和顶径公差带代号}-\boxed{旋合长度代号}-\boxed{旋向代号}$$

2）梯形螺纹标注的具体项目和格式如下：

$$\boxed{螺纹特征代号}\boxed{公称直径}\times\boxed{螺距}\ 或\ \boxed{导程（P\ 螺距）}$$

$$\boxed{旋向代号}-\boxed{中径公差带代号}-\boxed{旋合长度代号}$$

各项说明：

① 螺纹的特征代号见表 7-1，公称直径为螺纹的大径。普通螺纹的螺距有粗牙和细牙之分，粗牙普通螺纹不标螺距，细牙必须标螺距。对单线螺纹只标螺距，对多线螺

纹既要标导程又要标螺距。右旋螺纹的旋向省略不标，左旋螺纹的旋向标"LH"。

②螺纹公差带代号表示尺寸的允许误差范围。普通螺纹的公差带代号有中径和顶径公差带代号两项，顶径指外螺纹的大径或内螺纹的小径，当中径和顶径公差带相同时只标注一个代号；传动螺纹（即梯形螺纹和锯齿形螺纹）只有中径公差带代号。有关公差带的概念可见第八章。

③旋合长度有短（用 S 表示）、中（用 N 表示）、长（用 L 表示）之分，中等旋合长度可省略"N"。

2. 管螺纹

管螺纹的标记必须标注在大径的引出线上。常用的管螺纹分为55°密封管螺纹和55°非密封管螺纹。这里要注意，管螺纹的尺寸代号并不是指螺纹大径，也不是管螺纹本身任何一个直径，其大径和小径等参数可从有关标准中查出。管螺纹标注的具体项目及格式如下：

$$\boxed{螺纹特征代号}\ \boxed{尺寸代号}\ \boxed{公差等级代号}\ -\ \boxed{旋向代号}$$

1）55°密封管螺纹又分为：与圆柱内螺纹相配合的圆锥外螺纹，其特征代号是 R_1；与圆锥内螺纹相配合的圆锥外螺纹，特征代号为 R_2；圆锥内螺纹，特征代号是 Rc；圆柱内螺纹，特征代号是 Rp。公差等级代号只有一种，省略不标注。旋向代号标注左旋螺纹"LH"，右旋螺纹不标注。

2）55°非密封管螺纹的特征代号是 G。它的公差等级代号分 A 级和 B 级，外螺纹需注明，内螺纹不注此项代号。旋向代号标注左旋螺纹"LH"，右旋螺纹不标注。

常用标准螺纹的规定标注示例见表7-2。

表7-2 常用标准螺纹的规定标注示例

螺纹种类	图　　例	标注的含义
普通螺纹	M10×1.25LH M10-6H	M10×1.25LH 表示细牙普通螺纹，公称直径为10mm，螺距为1.25mm，左旋 M10-6H 表示粗牙普通螺纹，公称直径为10mm，中径和顶径公差带代号为6H

（续）

螺纹种类	图例	标注的含义
55°非密封管螺纹	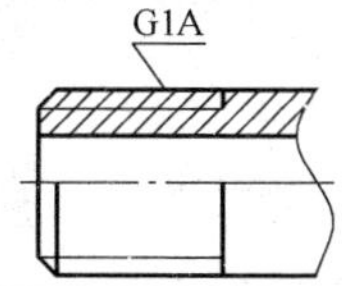 G1A	非螺纹密封的管螺纹，尺寸代号为1
55°密封管螺纹	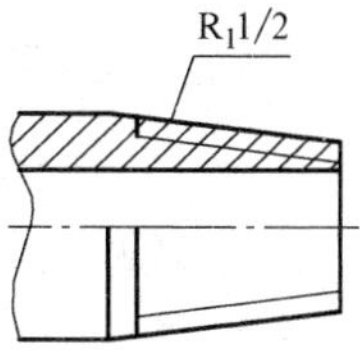 R₁1/2	用螺纹密封的与圆柱内螺纹相配合的圆锥外螺纹，尺寸代号为1/2
	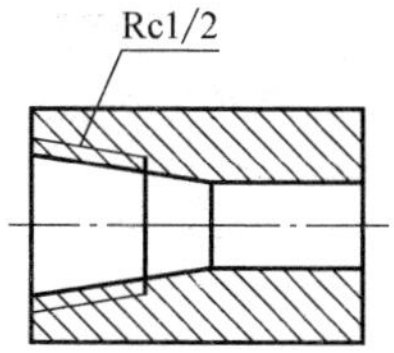 Rc1/2	用螺纹密封的圆锥内螺纹，尺寸代号为1/2
	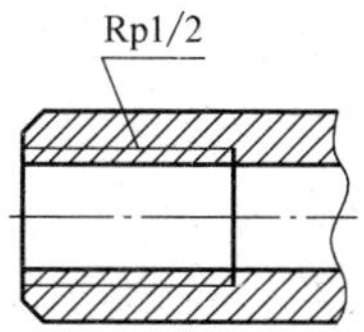 Rp1/2	用螺纹密封的圆柱内螺纹，尺寸代号为1/2
梯形螺纹	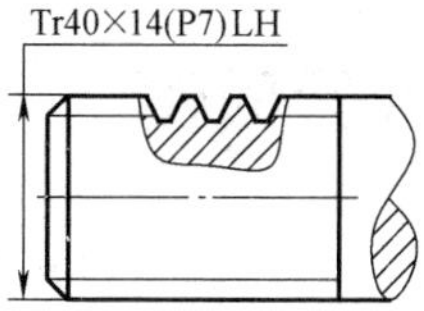 Tr40×14(P7)LH	梯形螺纹，公称直径为40mm，导程为14mm，螺距为7mm，双线，左旋
锯齿形螺纹	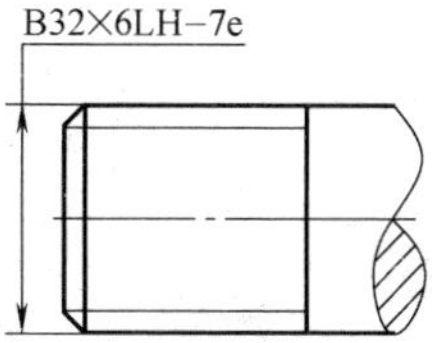 B32×6LH-7e	锯齿形螺纹，公称直径为32mm，螺距为6mm，左旋，中径公差带代号为7e

四、螺纹零件图的识读

识读阀杆螺母零件图，如图7-8所示。

137

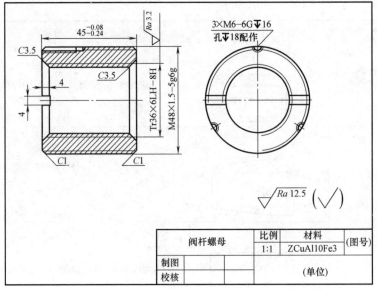

图7-8　阀杆螺母零件图

从标题栏中可以看出，该零件是一个阀杆螺母，主、左视图表达了它的整体结构。零件中共有三处螺纹，外螺纹 M48×1.5-5g6g 表示细牙普通螺纹，公称直径为 48mm，螺距为 1.5mm，中径和顶径的公差带代号分别为 5g 和 6g；内螺纹 Tr36×6LH-8H 表示梯形螺纹，公称直径为 36mm，螺距为 6mm，左旋，中径公差带代号为 8H；内螺纹 3×M6-6G 表示局部 3 处粗牙普通螺纹，公称直径为 6mm，中径和顶径的公差带代号均为 6G。从图 7-8 中还可以看出，螺孔深 16mm，钻孔深 18mm。

第二节　螺纹紧固件

一、常用螺纹紧固件及其标记

螺纹紧固就是利用一对内、外螺纹的联接作用来联接或紧固一些零件。常用的螺纹紧固件有螺栓、双头螺柱、螺钉、螺母和垫圈等，如图 7-9 所示。其规定标记见表 7-3。

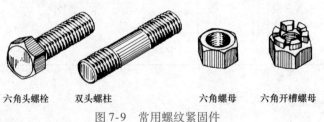

六角头螺栓　　双头螺柱　　　　六角螺母　　六角开槽螺母

图7-9　常用螺纹紧固件

内六角圆柱头螺钉　　开槽圆柱头螺钉　　开槽沉头螺钉　　紧定螺钉

平垫圈　　　　弹簧垫圈　　　圆螺母用止动垫圈　　　圆螺母

图 7-9　常用螺纹紧固件（续）

表 7-3　常用螺纹紧固件规定标记

名　　　称	规定标记示例	名　　　称	规定标记示例
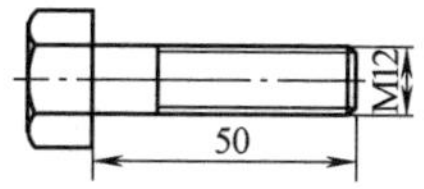 六角头螺栓	螺栓 GB/T 5782 M12×50	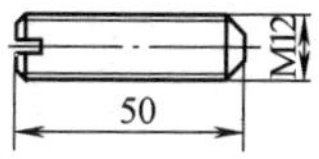 开槽锥端紧定螺钉	螺钉 GB/T 71　M12 ×50
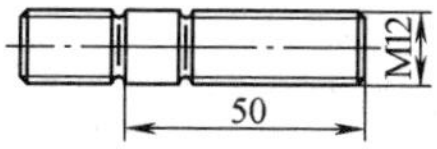 双头螺柱 A 型	螺柱 GB 897 AM12×50	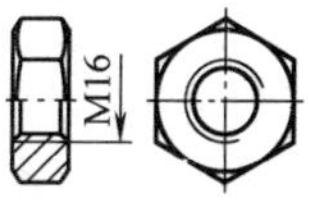 1 型六角螺母-C 级	螺母 GB/T 41　M16
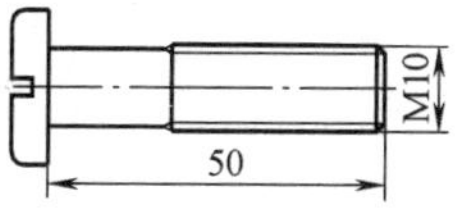 开槽圆柱头螺钉	螺钉 GB/T 65 M10×50	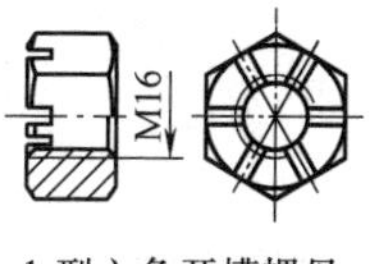 1 型六角开槽螺母	螺母 GB 6178—86—M16
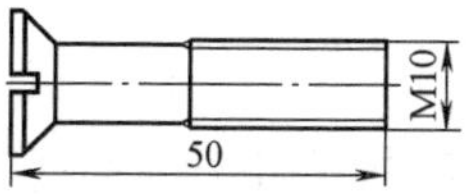 开槽沉头螺钉	螺钉 GB/T 68 M10×50	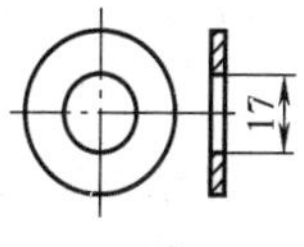 垫圈	垫圈 GB/T 97.1　16
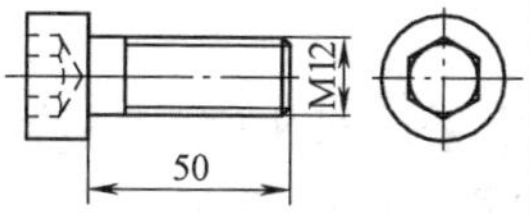 内六角圆柱头螺钉	螺钉 GB/T 70.1 M12×50	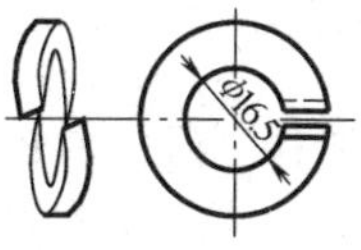 标准型弹簧垫圈	垫圈 GB 93—87　16

二、常用螺纹紧固件的比例画法

为提高画图速度，螺纹紧固件各部分的尺寸（有效长度除外）都可按螺纹的公称直径 d 或 D 的一定比例关系画图，称为比例画法。在工程实践中一般采用比例画法，常用螺纹紧固件的比例画法如图 7-10 所示。

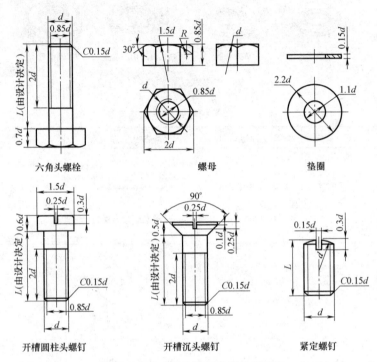

图 7-10　常用螺纹紧固件的比例画法

三、螺纹紧固件联接画法

螺纹紧固件的联接，通常有螺栓联接、双头螺柱联接和螺钉联接三种。

1. 螺栓联接

螺栓适用于联接两个都不太厚并允许钻成通孔的零件。被联接零件上的通孔直径稍大于螺纹的公称直径，将螺栓穿入两零件的通孔，在螺杆的一端套上垫圈，再拧紧螺母进行紧固。其联接画法如图 7-11 所示。

2. 双头螺柱联接

当两个被联接的零件中，有一个较厚或不便钻通孔时，常采用双头螺柱联接。双头螺柱的两端都有螺纹，一端旋入较厚零件的螺孔中，称为旋入端；另一端穿过较薄零件上的通孔，套上垫圈，再用螺母拧紧，称为紧固端。其联接画法如图 7-12 所示。

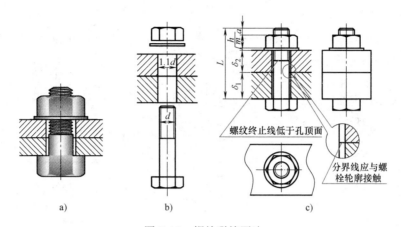

图 7-11　螺栓联接画法

a）螺栓联接　b）联接前　c）联接画法

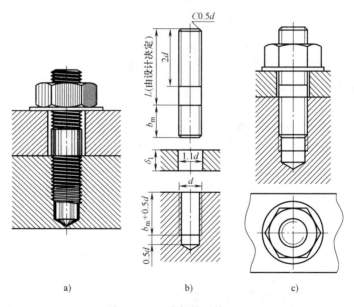

图 7-12　双头螺柱联接画法

a）螺柱联接　b）联接前　c）联接画法

3. 螺钉联接

螺钉联接适用于不经常拆卸、受力不大或被联接件之一较厚不便加工通孔的情况。螺钉联接不用螺母，而是直接将螺钉拧入零件的螺孔内。螺钉根据头部的形状不同分为多种。图 7-13 所示为两种常用螺钉联接画法。

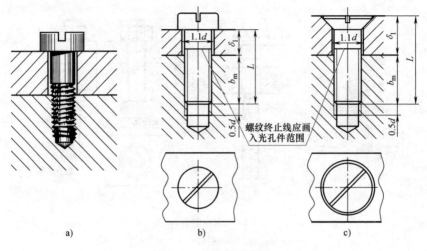

图 7-13　螺钉联接画法

a) 螺钉联接　b) 圆柱头螺钉　c) 沉头螺钉

4. 注意事项

在识读螺纹紧固件的联接图时，应注意以下事项：

1）相邻两零件的接触表面只画一条线，不接触表面无论间隔多小都要画成两条线。

2）在剖视图中，相邻两零件的剖面线方向应相反，或方向一致、间隔不同，而同一零件在不同的各剖视图中，剖面线的方向和间隔应相同。

3）当剖切平面通过螺栓、螺钉、螺母、垫圈等螺纹紧固件的轴线时，这些零件均按不剖绘制，即画出其外形。但如果垂直其轴线剖切，则按剖视要求画出。

第三节　键、销及其联接

键和销都是常用的标准件。键主要用于轴和轴上零件的联接，使之不产生相对运动，以传递转矩。销主要起定位作用，也可以用来联接和定位。

一、键及其联接

1. 键的种类及标记

键的种类较多，常见形式有普通平键、普通半圆键、钩头楔键等，其结构形式和标记见表7-4。

表 7-4　常用键的形式和标记

名称及标准号	图　例	标记示例
普通型　平键 GB/T 1096—2003		GB/T 1096　键 8×7×30 表示：键宽 $b = 8$mm、键高 $h = 7$mm、键长 $L = 30$mm 的普通型平键（A 型）
普通型　半圆键 GB/T 1099.1—2003		GB/T 1099.1　键 6×10×25 表示：键宽 $b = 6$mm、键高 $h = 10$mm、直径 $D = 25$mm 的普通型半圆键
钩头型　楔键 GB/T 1565—2003		GB/T 1565　键 6×25 表示：键宽 $b = 6$mm、键长 $L = 25$mm 的钩头型楔键

2. 普通型键的联接画法

普通平键和普通半圆键都以两侧面为工作面，起传递转矩的作用。在键联接画法中，键的两个侧面与轴和轮毂接触，键的底面与轴接触，均画一条线；键的顶面为非工作面，与轮毂有间隙，应画两条线。图 7-14、图 7-15 分别是普通平键、普通半圆键的联接画法。

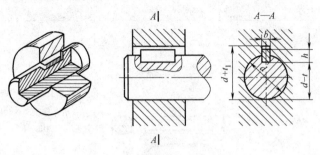

图 7-14　普通平键联接画法

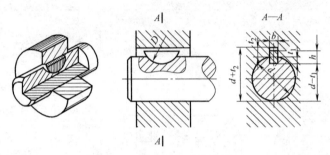

图 7-15　普通半圆键联接画法

3. 钩头楔键的联接画法

钩头楔键也以两侧面为工作面，起传递转矩的作用。但由于钩头楔键的上表面有 1:100 的斜度，联接时将键打入键槽，因此，键的上下两面用于静联接，以防止键脱落。在钩头楔键接画法中，键的四个侧面均与轴和轮毂接触，均应画成一条线，如图 7-16 所示。

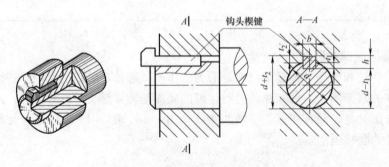

图 7-16　钩头楔键联接画法

二、销及其联接

销的类型很多，有圆柱销、圆锥销、开口销等，如图7-17所示。

圆柱销　　　　圆锥销　　　　开口销

图7-17　销的种类

常用销及其联接画法和标注如图7-18所示。

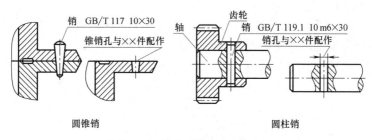

圆锥销　　　　　　　　　　圆柱销

图7-18　销的联接画法和标注

第四节　齿　轮

齿轮是机械设备常见的传动零件，它用于传递动力、改变运动速度和旋转方向。常见的齿轮传动种类有圆柱齿轮传动、锥齿轮传动和蜗轮蜗杆传动，如图7-19所示。

一、圆柱齿轮的表示方法

1. 齿轮各部分的名称及尺寸关系

以标准直齿圆柱齿轮为例来说明圆柱齿轮各部分的名称及尺寸关系（图7-20）。

（1）齿顶圆　通过轮齿顶部的圆，直径以 d_a 来表示。

（2）齿根圆　通过轮齿根部的圆，直径以 d_f 来表示。

（3）分度圆　在齿顶圆和齿根圆之间。对于标准齿轮，在此圆上的齿厚 s 与齿槽宽 e 相等，直径以 d 表示。

（4）齿高　齿顶圆与齿根圆之间的径向距离，以 h 表示。齿顶圆与分度圆之

圆柱齿轮传动　　　　　锥齿轮传动　　　蜗轮蜗杆传动

图 7-19　常见的齿轮传动种类

间的径向距离称为齿顶高，以 h_a 表示。分度圆与齿根圆之间的径向距离称为齿根高，以 h_f 表示。$h = h_a + h_f$。

（5）齿距、齿厚、齿槽宽　分度圆上相邻两齿的对应点之间的弧长称为齿距，以 p 表示。在分度圆上一个轮齿齿廓间的弧长称为齿厚，以 s 表示。在分度圆上一个齿槽齿廓间的弧长称为齿槽宽，以 e 表示。对于标准齿轮，$s = e$，$p = s + e$。

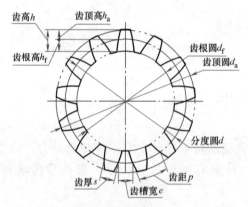

图 7-20　标准直齿圆柱齿轮各部分的名称

（6）模数　设齿轮的齿数为 z，则分度圆的周长 $= zp = \pi d$，即

$$d = pz/\pi$$

取 $m = p/\pi$，于是

$$d = mz$$

m 称为模数，单位是 mm。为了便于齿轮的设计和加工，模数的值已标准化，渐开线圆柱齿轮模数系列见表 7-5。

表 7-5　标准模数（GB/T 1357—2008）　　　　　　　　（单位：mm）

第一系列	1，1.25，1.5，2，2.5，3，4，5，6，8，10，12，16，20，25，32，40，50
第二系列	1.125，1.375，1.75，2.25，2.75，3.5，4.5，5.5，（6.5），7，9，11，14，18，22，28，36，45

注：在选用模数时，应优先选用第一系列，其次选用第二系列，括号内模数尽可能不选用。

齿轮各部分的尺寸与模数 m 和齿数 z 都有一定的关系，表 7-6 列出了标准圆柱齿轮各部分的计算公式。

表 7-6　标准圆柱齿轮各部分尺寸计算公式

名　称	代　号	计　算　公　式
齿顶圆直径	d_a	$d_a = m\,(z+2)$
齿根圆直径	d_f	$d_f = m\,(z-2.5)$
分度圆直径	d	$d = mz$
齿高	h	$h = 2.25m$
齿顶高	h_a	$h_a = m$
齿根高	h_f	$h_f = 1.25m$
齿距	p	$p = \pi m$
齿厚	s	$s = 0.5\,\pi m$
齿槽宽	e	$e = 0.5\,\pi m$
中心距	a	$a = m\,(z_1 + z_2)\,/2$

2. 单个齿轮的画法

对于单个齿轮，一般用两个视图表达或用一个视图加一个局部视图表达。国家标准（GB/T 4459.2—2003）规定了齿轮的画法。

1）齿顶圆和齿顶线用粗实线绘制，分度圆和分度线用点画线绘制，齿根圆和齿根线用细实线绘制，也可省略不画，如图 7-21a 所示。

2）在剖视图中，当剖切平面通过齿轮的轴线时，轮齿一律按不剖处理，齿根线用粗实线绘制，如图 7-21b 所示。

3）当需要表示斜齿轮或人字齿轮的齿线特征时，可用三条与齿线方向一致的细实线表示，如图 7-21c、d 所示。

3. 齿轮的啮合画法

表达齿轮的啮合一般采用两个视图，一个是垂直于齿轮轴线方向的视图，而另一个常画成剖视图，如图 7-22 所示。

1）在垂直于齿轮轴线方向的视图中，它们的分度圆（啮合时称为节圆）呈相切关系。齿顶圆有两种画法，一种是将两齿顶圆用粗实线分别完整画出，如图 7-22a 所示；另一种是将两个齿顶圆重叠部分的圆弧线省略不画，如图 7-22b 所

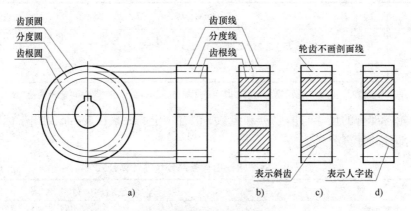

图 7-21　单个齿轮的画法

a）视图　b）剖视图　c）斜齿轮　d）人字齿轮

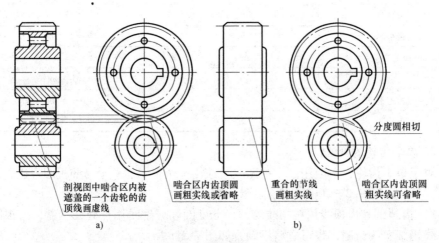

图 7-22　齿轮的啮合画法

a）剖视图　b）视图

示。齿根圆和齿根线与单个齿轮的画法相同。

2）在剖视图中，规定将啮合区一个齿轮的轮齿用粗实线画出，另一个齿轮的轮齿被遮挡的部分用虚线画出，也可省略不画，如图 7-22a 所示。

3）在平行于齿轮轴线的视图中，啮合区的齿顶线不必画出，只在节线位置画一条粗实线，如图 7-22b 所示。

4）当需要表示两斜齿轮或两人字齿轮啮合的齿线特征时，其画法与单个齿轮相同，但要注意两齿轮的齿线方向应不同，如图 7-23 所示。

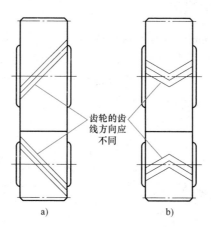

图 7-23　非直齿齿轮的啮合画法

a）斜齿轮　b）人字齿轮

4. 圆柱齿轮图样格式

圆柱齿轮图样格式如图 7-24 所示。图中齿轮的参数表一般放在图样的右上角，参数表中列出的参数项目可根据需要增减，检验项目按功能要求而定。一般标注齿顶圆和分度圆直径，不用标注齿根圆直径。

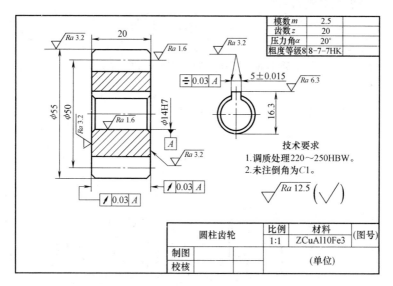

图 7-24　圆柱齿轮图样格式

锥齿轮、蜗轮、蜗杆的图样格式与圆柱齿轮的图样格式基本相同，不再一一列举。

二、锥齿轮的表示方法

锥齿轮用于两相交轴间的传动，常见的是两轴相交成直角的锥齿轮传动。由于锥齿轮的轮齿分布在圆锥面上，所以轮齿的厚度、高度都沿着齿宽的方向逐渐变化，即模数是变化的。为了计算和制造方便，规定大端的模数为标准模数，并以它来决定其他各部分的尺寸，如图 7-25 所示。

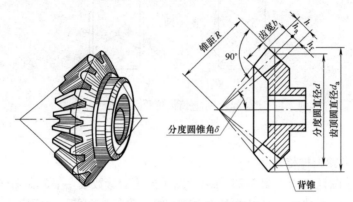

图 7-25　锥齿轮各部分名称

1. 单个锥齿轮的画法

一般用主、左两视图表示。主视图画成全剖视图，轮齿应按不剖处理；左视图中，用粗实线表示齿轮大端和小端的齿顶圆，用点画线表示大端的分度圆，大、小端的齿根圆和小端的分度圆不画，具体画法如图 7-26 所示。

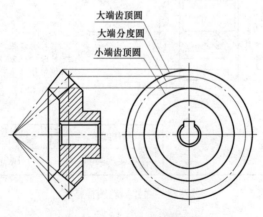

图 7-26　单个锥齿轮的画法

2. 锥齿轮的啮合画法

轴线正交的锥齿轮的啮合画法与圆柱齿轮基本相同，在垂直于齿轮轴线的视图上，一个齿轮大端的分度线与另一个齿轮大端的分度圆相切，具体画法如图 7-27 所示。

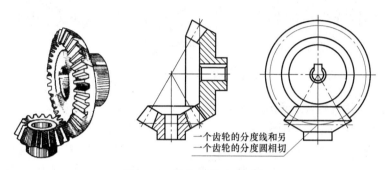

一个齿轮的分度线和另一个齿轮的分度圆相切

图 7-27　锥齿轮的啮合画法

三、蜗轮、蜗杆的表示方法

蜗轮、蜗杆通常用于两轴垂直交叉的减速传动。蜗杆有单头和多头之分。蜗轮与圆柱斜齿轮相似，但其齿顶面制成环面。在蜗轮蜗杆传动中，蜗杆是主动件，蜗轮是从动件。

1. 蜗轮的画法

在垂直于蜗轮轴线的视图中，只画出分度圆和最大圆，齿顶圆和齿根圆不画，如图 7-28 所示。

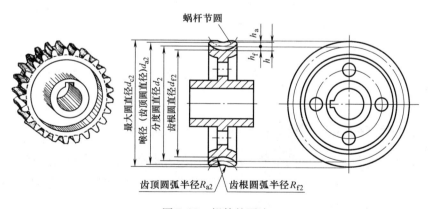

图 7-28　蜗轮的画法

2. 蜗杆的画法

其画法基本与圆柱齿轮相同，在两个视图中，齿根线和齿根圆均可省略不画，如图 7-29 所示。

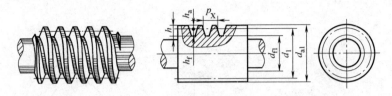

图 7-29　蜗杆的画法

3. 蜗轮、蜗杆的啮合画法

在蜗轮、蜗杆的啮合画法中，可以采用两个视图表达，如图 7-30a 所示。也可以采用全剖视图和局部剖视图，如图 7-30b 所示。全剖视图中蜗轮在啮合区被遮挡部分的虚线可省略不画，局部剖视图中啮合区内蜗轮的齿顶圆和蜗杆的齿顶线也可省略不画。

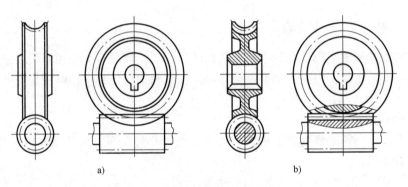

a)　　　　　　　　　　　　　　　b)

图 7-30　蜗轮、蜗杆的啮合画法
a) 视图　b) 剖视图

第五节　滚　动　轴　承

一、滚动轴承的构造和种类

滚动轴承是支承旋转轴的组件。滚动轴承的种类很多，但结构大体相同，它们一般都是由外圈、内圈、滚动体和保持架组成。滚动轴承按承受力的方向分为三类：

1）向心轴承：主要承受径向载荷。如图 7-31a 所示为深沟球轴承。

2）推力轴承：只承受轴向载荷。如图 7-31b 所示为推力球轴承。

3）向心推力轴承：同时承受径向和轴向载荷。如图 7-31c 所示为圆锥滚子轴承。

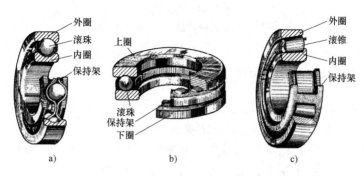

图 7-31　滚动轴承的构造和种类

a）深沟球轴承　b）推力球轴承　c）圆锥滚子轴承

二、滚动轴承的代号

滚动轴承代号由基本代号、前置代号和后置代号构成，其排列如图 7-32 所示。基本代号由轴承的类型代号、尺寸系列代号和内径代号构成，它表示轴承的基本类型、结构和尺寸，是轴承代号的基础。前置代号、后置代号是轴承在结构形状、尺寸、公差、技术要求等有改变时，在其基本代号左右添加的补充代号，在一般情况下可不必标注。

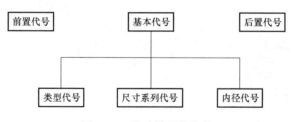

图 7-32　滚动轴承的代号

基本代号中的类型代号用阿拉伯数字或大写拉丁字母表示。尺寸系列代号由宽度系列代号和直径系列代号构成，用两位数字来表示。内径代号用两位数字表示，当内径代号为 00、01、02、03 时，分别表示轴承的公称内径 $d = 10$mm、12mm、15mm、17mm；代号数字为 04 ~ 99 时，代号数字乘 5mm，即为轴承内径。

基本代号示例如下：

1）推力球轴承。

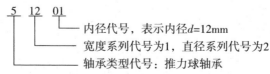

2）深沟球轴承。

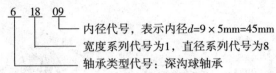

三、常用滚动轴承的画法

滚动轴承是标准组件，不必画出零件图，只在装配图中根据轴承的外径 D、内径 d 和宽度 B 等几个主要数据，按一定的比例关系将其近似画出。常用滚动轴承的画法包括通用画法、规定画法和特征画法。

1）当不需要确切地表示滚动轴承的外形轮廓、载荷特性、结构特征时，可采用通用画法，如图7-33所示。

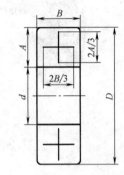

图7-33 滚动轴承的通用画法

2）当需较详细地表示滚动轴承的主要结构时，可采用规定画法（表7-7）。

3）当需较形象地表示滚动轴承的结构特征时，可采用特征画法（表7-7）。

表7-7 常用滚动轴承的规定画法、特征画法

轴承名称和代号	结构形式	主要数据	规定画法	特征画法
深沟球轴承 GB/T 276—2013 6000		D d B		
圆锥滚子轴承 GB/T 297—2015 30000		D d T B C		

（续）

轴承名称和代号	结构形式	主要数据	规 定 画 法	特 征 画 法
推力球 轴承 GB/T 301— 2015 51000		D d T	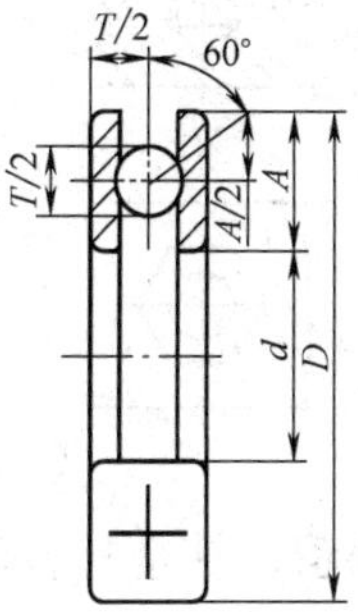	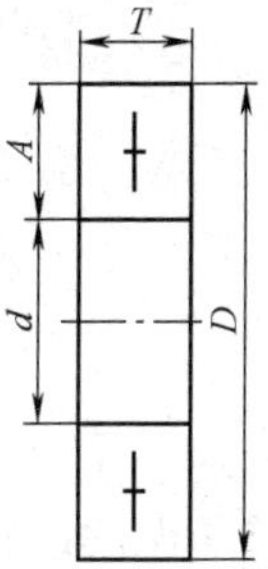

识图实训七

7-1 识读图中螺纹画法中的错误，在指定位置画出正确的图形。

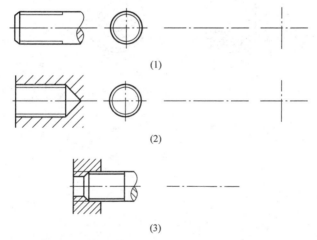

(1)

(2)

(3)

7-2 识读图中螺纹联接画法中的错误，在指定位置画出正确的图形。

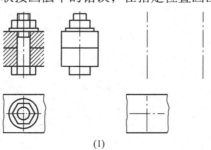

(1)

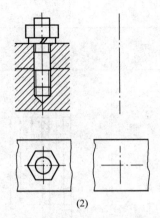

(2)

7-3　识读齿轮的啮合画法，补全啮合区中的图线。

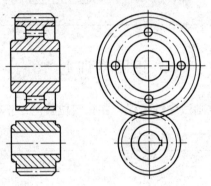

第八章

零件图的识读

第一节　零件图的概述

一、零件图的作用

任何一台机器或部件都是由若干个零件按一定的装配关系及技术要求装配而成的，零件是组成机器的最小单元体。表达单个零件结构、大小和技术要求的图样称为零件图。

零件图是设计和生产部门的重要技术文件，是制造和检验零件的依据。

二、零件图的内容

以图 8-1 所示阀芯零件图为例，说明零件图应包含的内容。

1. 一组视图

用视图、剖视图、断面图及其他表达方法，正确、完整、清晰地表达零件的内外结构形状。该阀芯用主、左视图表达，主视图采用全剖视图，左视图采用半剖视图。

2. 完整的尺寸

零件图中应正确、完整、清晰、合理地标注零件在制造和检验时所需要的全部尺寸。主视图中标注的尺寸 $S\phi40\mathrm{mm}$ 和 $32\mathrm{mm}$ 确定了阀芯的轮廓形状，中间通孔为 $\phi20\mathrm{mm}$，上部凹槽的形状和位置通过主视图中尺寸 $10\mathrm{mm}$ 和左视图中尺寸 $SR34\mathrm{mm}$、$14\mathrm{mm}$ 确定。

3. 技术要求

用规定的符号、代号、标记和简要的文字表达出对零件制造和检验时所应达到的各项技术指标和要求。图 8-1 中注出的表面粗糙度值为 $Ra6.3\mu\mathrm{m}$、$Ra3.2\mu\mathrm{m}$、$Ra1.6\mu\mathrm{m}$，以及感应淬火 $50\sim55\mathrm{HRC}$ 和去毛刺、锐边的说明等。

4. 标题栏

用来表明零件的名称、材料、数量、比例以及有关人员的姓名等内容。

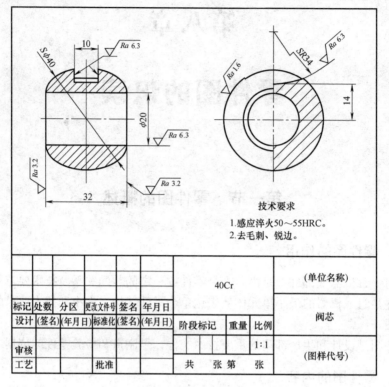

图 8-1　阀芯零件图

第二节　零件图的尺寸识读

一、零件图中标注尺寸的要求

零件图中的尺寸标注，应符合以下要求：

（1）正确　尺寸标注必须符合国家标准规定的标注法。

（2）完整　定形尺寸、定位尺寸、总体尺寸要做到不错、不漏、不重复、不矛盾。

（3）清晰　尺寸布局要完整、清晰，便于识图。

（4）合理　标注的尺寸，既能保证设计要求，又便于加工、装配、测量等生产工艺要求。

前三项要求已在前面章节介绍过，这里不再重述，本节内容着重介绍合理标注尺寸的要求。

1）零件图上的重要尺寸（如零件的配合尺寸、安装尺寸、特性尺寸等）必须直接标注，以保证设计要求。如图 8-2a 所示的轴承座，安装孔的间距 l_1 和轴承孔的中心高 h_1 必须直接注出，而不应如图 8-2b 所示，主要尺寸 l_1、h_1 没有直接注出，要通过其他尺寸 l_2、l_3 和 h_2、h_3 间接计算得到，从而造成尺寸误差的累积。

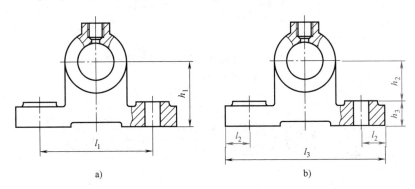

图 8-2　轴承座的尺寸标注
a）正确　b）不正确

2）避免注成封闭尺寸链。零件同一方向上的相关尺寸组成零件尺寸链，如图 8-3a 所示的阶梯轴上标注的尺寸 l_1、l_2、l_3；但不能如图 8-3b 所示进行标注，长度方向尺寸 l_1、l_2、l_3、l_4 首尾相连，构成封闭尺寸链，这种情况应避免。标注尺寸时，应将要求不高的一个尺寸空出来不注（例如 l_4），这样将加工的累积误差加到这个次要尺寸上，以保证主要尺寸的精度。

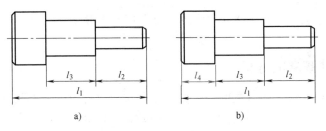

图 8-3　阶梯轴的尺寸标注
a）正确　b）不正确

3）标注尺寸要符合加工顺序。图 8-4a 所示的轴的加工顺序是，先加工 l_1 这段尺寸，再加工 l_2 这段尺寸；而如果按图 8-4b 所标注的尺寸来加工就不那么方便，甚至可能满足不了设计和加工要求。

4）标注尺寸要便于测量。图 8-5 所示为常见的几种断面形状，显然图 8-5a 中标注的尺寸便于测量，而图 8-5b 中标注的尺寸不便于测量。同理，如图 8-6 所示套筒中所标注的长度尺寸，图 8-6a 中标注的尺寸便于测量，而图 8-6b 中标注的尺寸不便于测量。

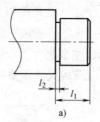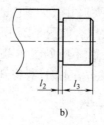

图 8-4　标注尺寸要符合加工顺序

a) 正确　b) 不正确

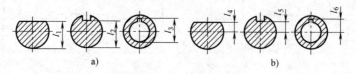

图 8-5　标注尺寸要便于测量示例一

a) 正确　b) 不正确

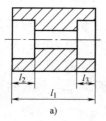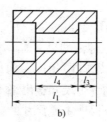

图 8-6　标注尺寸要便于测量示例二

a) 正确　b) 不正确

二、尺寸基准的分析

尺寸基准就是标注尺寸的起始位置，一般选择零件上的一些面和线作为尺寸基准。面基准常选择零件上较大的加工面、与其他零件的结合面、零件的对称面、重要端面和轴肩等；线基准一般选择轴和孔的轴线、对称中心线。

由于每个零件都有长、宽、高三个方向的尺寸，因此每个方向都有一个主要尺寸基准，如图 8-7 所示的轴承座和图 8-8 所示的轴的主要尺寸基准在其图上已分别标示出。有时为了加工、测量的需要，还可增加一个或几个辅助基准，主要基准与辅助基准之间应有尺寸直接相联。如图 8-7 所示高度方向的主要尺寸基准与辅助基准之间标注了尺寸 72mm，图 8-8 所示轴向方向的主要尺寸基准与两个辅助基准之间分别标注了尺寸 30mm 和 55mm。

基准按用途可分为设计基准和工艺基准。设计基准是用来确定零件在部件中准确位置的基准，常选其中之一作为尺寸标注的主要基准；工艺基准是为便于加工和

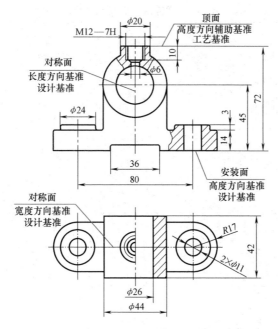

图 8-7 尺寸基准的分析示例一

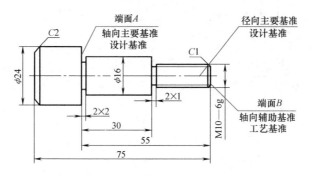

图 8-8 尺寸基准的分析示例二

测量而选定的基准。在图 8-7 中，轴承座的底面为设计基准，由此出发标注轴承孔中心高度 45mm 和总高 72mm，再以顶面为工艺基准，标注顶面螺孔的深度尺寸 10mm。在图 8-8 中，轴肩处的端面 A 是设计基准，由此标出尺寸 2mm × 2mm、30mm 和 55mm；以右端面 B 为工艺基准，标注尺寸 75mm。

三、零件上常见结构尺寸的分析

在零件上经常有光孔、螺孔、沉孔、倒角、退刀槽等结构，它们的尺寸标注见表 8-1。

表 8-1　零件常见结构尺寸标注

结 构 类 型		标 注 方 法	说　明
光孔	圆柱孔	4×φ5↧10　　4×φ5↧10　　4×φ5	4×φ5 表示直径为 5mm，均匀分布的四个光孔；孔深可与孔径连注，也可分开注出
	锥销孔	锥销孔φ5 配作	φ5 为与锥销孔相配的圆锥销小端直径。锥销孔通常是相邻两零件装在一起时加工
螺孔	通孔	4×M6—7H　　4×M6—7H　　4×M6—7H	4×M6 表示公称直径为 6mm，均匀分布的 4 个螺孔，可以旁注，也可直接注出
	不通孔	4×M6—7H↧10　4×M6—7H↧10　4×M6—7H	螺孔深度可与螺孔大径连注，也可分开注出
		4×M6—7H↧10　4×M6—7H↧10　4×M6—7H 孔↧12　　　孔↧12	需要注出钻孔深度时，应明确标出
沉孔	锥形沉孔	4×φ6.6　　　4×φ6.6　　　90° ⩗φ12.8×90°　⩗φ12.8×90°　φ12.8 　　　　　　　　　　　　4×φ6.6	4×φ6.6 表示直径为 6.6mm，均匀分布的 4 个孔；锥形部分尺寸可以旁注，也可直接注出
	柱形沉孔	4×φ6.6　　　4×φ6.6　　　φ11 ⊔φ11↧4.7　⊔φ11↧4.7 　　　　　　　　　　　　4×φ6.6	柱形沉孔的小径为 6.6mm，大径为 11mm，深度为 4.7mm，均需标注

（续）

结构类型		标注方法	说　明
沉孔	锪平面		锪平 $\phi11$ 的深度不需标注，一般锪平到不出现毛面为止
倒角		a) b) c)	倒角为 45°时，可与倒角的轴线尺寸连注；倒角不是 45°时，要分开标注，见图 c
退刀槽		a) b)	退刀槽宽度应直接注出，可以标注直径，也可注出切入深度

第三节　零件图上的技术要求

为了保证零件装配后的使用要求，要根据功能需要对零件的表面结构给出质量的要求。表面结构是表面粗糙度、表面波纹度、表面缺陷、表面纹理和表面几何形状的总称。本节主要介绍表面粗糙度表示法。

一、表面结构的图样表示法

1. 表面粗糙度的基本概念

经过精加工的零件表面，用肉眼看起来很光滑，但放到显微镜下去观察，就会呈现许多高低不平的凸峰和凹谷（图 8-9）。零件加工表面上这种具有较小间距和峰谷的微观几何形状特性，称为表面粗糙度。不同的加工方法、零件材料和机床的振动等，都会影响零件的表面粗糙度。

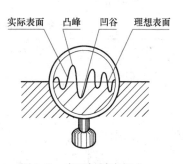

图 8-9　表面粗糙度概念

表面粗糙度是衡量零件表面质量的一项重要技术指标，它对零件的耐磨性、耐蚀性及密封性等都有显著的影响。目前我国机械图样中通常把表面粗糙度 Ra（轮廓算术平均偏差）和 Rz（轮廓最大高度）作为零件表面结构状况的评定参数，参数值越小，表面质量越高，加工成本也越高。因此，在满足零件要求的前提下，尽量选用较大的参数值，以降低成本。

不同 Ra 值对应的外观情况、加工方法和应用举例见表8-2。

表8-2　不同 Ra 值的外观情况，加工方法和应用举例

$Ra/\mu m$	表面外观情况	主要加工方法	应 用 举 例
50	明显可见刀痕	粗车、粗铣、粗刨、钻、粗纹锉刀和粗砂轮加工	粗糙度值最大的加工面，一般很少应用
25	可见刀痕		
12.5	微见刀痕	粗 车、刨、立 铣、平铣、钻	不接触表面、不重要的接触面，如螺钉孔、倒角、机座底面等
6.3	可见加工痕迹	精车、精铣、精刨、铰、镗、粗磨等	没有相对运动的零件接触面，如箱、盖、套筒要求紧贴的表面，键和键槽工作表面；相对运动速度不高的接触面，如支架孔、衬套、带轮轴孔的工作面
3.2	微见加工痕迹		
1.6	看不见加工痕迹		
0.80	可辨加工痕迹方向	精车、精铰、精拉、精镗、精磨等	要求很好密合的接触面，如与滚动轴承配合的表面、锥销孔等；相对运动速度较高的接触面，如滑动轴承的配合表面、齿轮轮齿的工作表面等
0.40	微辨加工痕迹方向		
0.20	不可辨加工痕迹方向		
0.10	暗光泽面	研磨、抛光、超级精密研磨等	精密量具的表面、极重要零件的摩擦面，如气缸的内表面、精密机床的主轴颈、坐标镗床的主轴颈等
0.05	亮光泽面		
0.025	镜状光泽面		
0.012	雾状镜面		
0.006	镜面		

2. 表面结构符号

表面结构符号及其含义见表8-3。

表8-3　表面结构符号及其含义（摘自 GB/T131—2006）

符号名称	符　号	含　义
基本图形符号	√	未指定工艺的表面，当通过一个注释解释时可单独使用
扩展图形符号	▽	表示指定表面是用去除材料的方法获得，例如车、铣、钻、磨、剪切、抛光、腐蚀、电火花加工、气割等
	√○	表示指定表面是用不去除材料的方法获得，例如铸、锻、冲压变形、热轧、冷轧、粉末冶金等

（续）

符 号 名 称	符 号	含 义
完整图形符号	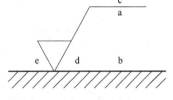	当要求标注表面结构特征的补充信息时，在允许任何工艺方法图形符号的长边加一横线，在文本中用文字 APA 表示
		当要求标注表面结构特征的补充信息时，在去除材料图形符号的长边加一横线，在文本中用文字 MRR 表示
		当要求标注表面结构特征的补充信息时，在不去除材料图形符号的长边加一横线，在文本中用文字 NMR 表示

3. 表面结构要求的注写位置

在完整符号中，对表面结构的单一要求和补充要求应注写在如图8-10所示的位置上。

位置a：注写表面结构的单一要求。

位置a和b：注写两个或多个表面结构的要求。

图 8-10　表面结构符号的注写位置

位置c：注写加工方法，如车、磨、镀等。

位置d：注写表面纹理和方向，如 "="、"⊥"、"×" 等。

位置e：注写加工余量。

4. 表面结构代号

表面结构符号中注写了具体参数代号及数值等要求后即称为表面结构代号。表面结构代号的示例见表8-4。

表 8-4　表面结构代号的示例

No.	代 号 示 例	含 义	补 充 说 明
1	$Ra\,0.8$	表示不允许去除材料，单向上限值，$Ra0.8\mu m$	参数代号与极限值之间应留空格（下同）
2	$Ra\,3.2$	表示不允许去除材料，单向上限值，$Ra3.2\mu m$	示例 No.1 ~ No.2 均为单向极限要求，且均为单向上限值，则均可不加注 "U"，若为单向下限值，则应加注 "L"
3	$Rz\,\max0.8$	表示去除材料，单向上限值，Rz 的最大值为 $0.8\mu m$	
4	$U\,Ra\,\max3.2$ $L\,Ra\,0.8$	表示不允许去除材料，双向极限值，上限值 $Ra3.2\mu m$，下限值 $Ra0.8\mu m$	本例为双向极限要求，用 "U" 和 "L" 分别表示上限值和下限值。在不致引起歧义时，可不加注 "U"、"L"

5. 表面结构表示法在图样中的注法

表面结构要求对每个表面一般只注一次，并尽可能注在相应的尺寸及其公差的同一视图上。除非另有说明，所标注的表面结构要求是对完工零件表面的要求，见

表8-5。

表8-5 表面结构表示法在图样中的注法

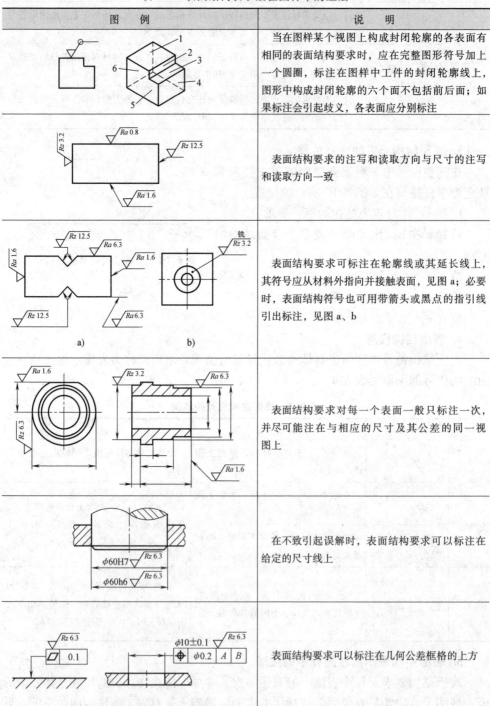

图 例	说 明
	当在图样某个视图上构成封闭轮廓的各表面有相同的表面结构要求时，应在完整图形符号加上一个圆圈，标注在图样中工件的封闭轮廓线上，图形中构成封闭轮廓的六个面不包括前后面；如果标注会引起歧义，各表面应分别标注
	表面结构要求的注写和读取方向与尺寸的注写和读取方向一致
	表面结构要求可标注在轮廓线或其延长线上，其符号应从材料外指向并接触表面，见图a；必要时，表面结构符号也可用带箭头或黑点的指引线引出标注，见图a、b
	表面结构要求对每一个表面一般只标注一次，并尽可能注在与相应的尺寸及其公差的同一视图上
	在不致引起误解时，表面结构要求可以标注在给定的尺寸线上
	表面结构要求可以标注在几何公差框格的上方

（续）

图　例	说　明
	圆柱和棱柱的表面结构要求只标注一次，如果每个棱柱表面有不同的表面结构要求，则应分别单独标注

6. 表面结构要求在图样中的简化注法

有相同表面结构要求的简化注法见表8-6。

表8-6　有相同表面结构要求的简化注法

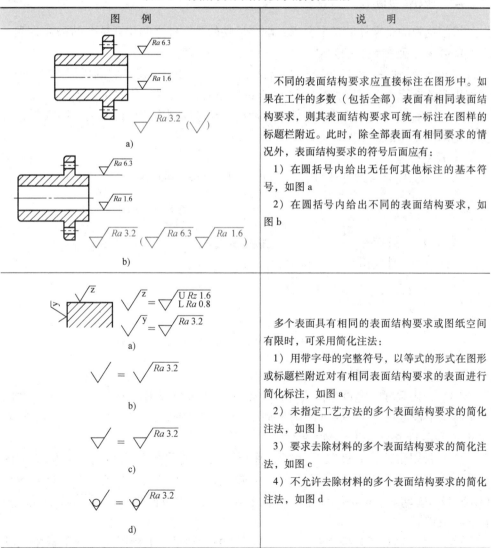

图　例	说　明
a) b)	不同的表面结构要求应直接标注在图形中。如果在工件的多数（包括全部）表面有相同表面结构要求，则其表面结构要求可统一标注在图样的标题栏附近。此时，除全部表面有相同要求的情况外，表面结构要求的符号后面应有： 1）在圆括号内给出无任何其他标注的基本符号，如图a 2）在圆括号内给出不同的表面结构要求，如图b
a) b) c) d)	多个表面具有相同的表面结构要求或图纸空间有限时，可采用简化注法： 1）用带字母的完整符号，以等式的形式在图形或标题栏附近对有相同表面结构要求的表面进行简化标注，如图a 2）未指定工艺方法的多个表面结构要求的简化注法，如图b 3）要求去除材料的多个表面结构要求的简化注法，如图c 4）不允许去除材料的多个表面结构要求的简化注法，如图d

（续）

图　例	说　明
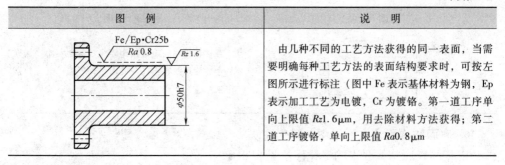	由几种不同的工艺方法获得的同一表面，当需要明确每种工艺方法的表面结构要求时，可按左图所示进行标注（图中 Fe 表示基体材料为钢，Ep 表示加工工艺为电镀，Cr 为镀铬。第一道工序单向上限值 $Rz1.6\mu m$，用去除材料方法获得；第二道工序镀铬，单向上限值 $Ra0.8\mu m$

二、极限与配合

极限反映的是零件的精度要求，配合反映的是零件之间相互结合的松紧关系。

1. 零件的互换性与极限制

在相同规格的一批零件中任取一件，不经任何修配，就能装到机器或部件上，达到规定的性能要求，这种性质称为零件的互换性。显然，零件的互换性是机器产品批量生产的需要。为了满足零件的互换性，就必须制定相应的制度，国家制定的标准化的公差与偏差制度称为极限制。

2. 尺寸公差

（1）公称尺寸　由设计给定的尺寸，如图 8-11 中的 $\phi50$。

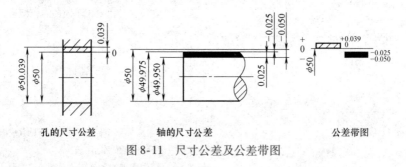

孔的尺寸公差　　　　轴的尺寸公差　　　　公差带图

图 8-11　尺寸公差及公差带图

（2）实际尺寸　通过测量获得的尺寸。

（3）极限尺寸　允许零件实际尺寸变化的两个极限值。两个极限值中，大的一个称为上极限尺寸（图 8-11 中的 $\phi50.039$、$\phi49.975$），较小的一个称为下极限尺寸（图 8-11 中的 $\phi50$、$\phi49.950$）。

（4）极限偏差　上极限尺寸减公称尺寸所得的代数差称为上极限偏差（图 8-11中的 0.039、−0.025）；下极限尺寸减公称尺寸所得的代数差称为下极限偏差（图 8-11 中的 0、−0.050）。上、下极限偏差统称为极限偏差，极限偏差可以为正、负或零。

（5）尺寸公差（简称公差）　允许尺寸的变动量。上极限尺寸减下极限尺寸之差，或上极限偏差减下极限偏差之差（图 8-11 中的 0.039、0.025）。尺寸公差永远为正值。

（6）零线 表示公称尺寸的一条直线，以其为基准确定极限偏差和公差。

（7）公差带 表示公差大小和相对零线位置的一个区域。为简化起见，一般只画出上、下极限偏差围成的方框图，称为公差带图，如图 8-11c 所示。

（8）标准公差 由国家标准所列的，用以确定公差带大小的公差。对于一定的公称尺寸，其标准公差共有 20 个标准公差等级，即 IT01、IT0、IT1、…、IT18。

（9）基本偏差 用以确定公差带相对于零线位置的那个极限偏差，它可以是上极限偏差和下极限偏差，一般指靠近零线的那个极限偏差，如图 8-12 所示。国家标准中规定基本偏差代号用拉丁字母表示，大写字母表示孔，小写字母表示轴，对孔和轴的每一公称尺寸段规定了 28 个基本偏差。

（10）公差的确定及代号 孔、轴公差带代号由基本偏差代号和标准公差等级代号组成。例如尺寸 $\phi50H8$ 中，$\phi50$ 为公称尺寸，H8 为孔的公差带代号，H 为孔

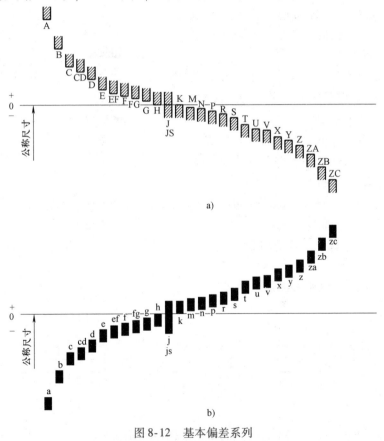

图 8-12 基本偏差系列

a) 孔的基本偏差 b) 轴的基本偏差

的基本偏差代号，8 为公差等级代号；尺寸 $\phi50f7$ 中，$\phi50$ 为公称尺寸，f7 为轴的公差带代号，f 为轴的基本偏差代号，7 为公差等级代号。

3. 配合

（1）配合的概念　公称尺寸相同的、相互结合的孔和轴公差带之间的关系称为配合。

（2）配合的种类　根据一批相配合的孔、轴在配合后得到的松紧程度，国家标准将配合分为三种，即：间隙配合、过盈配合、过渡配合。

1）间隙配合，即具有间隙（包括最小间隙等于零）的配合。孔的公差带在轴的公差带之上，如图 8-13b 所示。

2）过盈配合，即具有过盈（包括最小过盈等于零）的配合。孔的公差带在轴的公差带之下，如图 8-13c 所示。

3）过渡配合，即可能具有间隙或过盈的配合。孔、轴的公差带一部分互相重叠，如图 8-13d 所示。

（3）配合基准制　国家标准对孔与轴公差带之间的相互关系，规定了两种制度，即基孔制和基轴制。

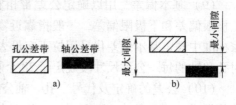

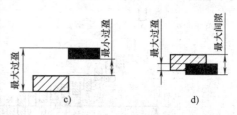

图 8-13　配合的种类
a）孔和轴的公差带　b）间隙配合
c）过盈配合　d）过渡配合

1）基孔制，即基本偏差为一定的孔的公差带与不同基本偏差的轴的公差带形成各种配合的一种制度。基孔制的孔为基准孔，其基本偏差为 H。

2）基轴制，即基本偏差为一定的轴的公差带与不同基本偏差的孔的公差带形成各种配合的一种制度。基轴制的轴为基准轴，其基本偏差代号为 h。

4. 极限与配合在图样中的注法

（1）尺寸公差在零件图中的注法　在零件图中标注尺寸公差有三种形式：标注公差代号；标注极限偏差值；同时标注公差代号和极限偏差值。这三种标注形式可根据具体需要选用，如图 8-14 所示。

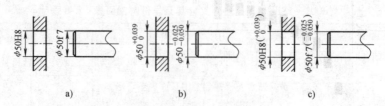

图 8-14　尺寸公差在零件图中的注法
a）标注公差代号　b）标注极限偏差　c）同时标注公差代号和极限偏差值

（2）配合在装配图中的注法 在装配图中一般标注线性尺寸的配合代号或分别标出孔和轴的极限偏差值；而标注与标准件配合的零件的配合要求时，可以仅标注该零件的公差带代号。

1）在装配图上，两零件有配合要求时，可在公称尺寸的右边注出相应的配合代号，如图8-15所示。

2）在装配图上标注相配合零件的极限偏差时，一般将孔的公称尺寸和极限偏差标注在尺

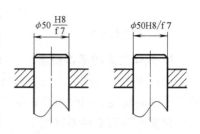

图 8-15 配合代号在装配
图中的注法

寸线的上方，轴的公称尺寸和极限偏差标注在尺寸线的下方，如图 8-16a 所示。若需要明确指出装配件的代号时，可按图 8-16b 的形式标注。

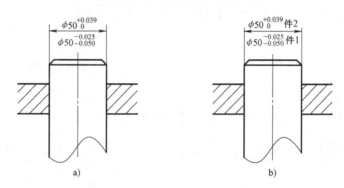

图 8-16 极限偏差在装配图中的注法
a）一般标注 b）标注装配件的代号

3）标注与标准件配合的零件（轴或孔）的配合要求时，可以仅标注该零件的公差带代号，如图 8-17 所示。

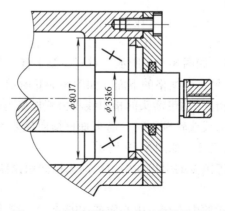

图 8-17 与标准件有配合要求时的注法

三、几何公差

1. 几何公差的基本概念

经过加工的零件，不仅有尺寸误差，同时也会产生几何误差。这些误差不但降低了零件的精度，同时也会影响使用性能。因此，对零件上精度要求较高的部位，必须根据实际需要对零件加工提出相应的几何误差的允许范围，即必须限制零件几何误差的最大变动量（称为几何公差），并在图样上标出几何公差。

2. 几何公差的几何特征符号

国家标准GB/T 1182—2008将几何公差分为形状公差、方向公差、位置公差和跳动公差四种类型，其几何特征符号见表8-7。

表8-7 几何特征符号

类型	几何特征	符号	有无基准	类型	几何特征	符号	有无基准
形状公差	直线度	—	无	位置公差	位置度	⊕	有或无
	平面度	▱	无		同心度（用于中心点）	◎	有
	圆度	○	无		同轴度（用于轴线）	◎	有
	圆柱度	⌀	无		对称度	=	有
	线轮廓度	⌒	无		线轮廓度	⌒	有
	面轮廓度	⌓	无	跳动公差	面轮廓度	⌓	有
方向公差	平行度	//	有		圆跳动	↗	有
	垂直度	⊥	有		全跳动	⌰	有
	倾斜度	∠	有				
	线轮廓度	⌒	有				
	面轮廓度	⌓	有				

3. 几何公差的注法

（1）公差框格 几何公差要求在矩形框格中给出，该框由两格或多格组成。框格中的内容从左到右顺序注写：几何公差符号、公差值，需要时用一个或多个字母表示基准或基准体系，如图8-18a所示。对同一要素有一个以上的几何公差要求时，可将一个框格放在另一个框格的下面，如图8-18b所示。

（2）被测要素的标注 用带箭头的指引线将公差框格与被测要素相连。

1）当公差涉及轮廓线或轮廓面时，箭头垂直指向该要素的轮廓线或其延长线上，但应与尺寸线明显错开，如图8-19所示。

2）被测面也可用带黑点的引出线引出，箭头指向引出线的水平线，如图8-20所示。

3）当公差涉及要素的中心线、中心面或中心点时，箭头应位于相应尺寸线的延长线上，如图8-21所示。

$$\boxed{-\ \boxed{0.1}}\quad \boxed{/\!/\ \boxed{0.1}\ \boxed{A}}\quad \boxed{\oplus\ \boxed{\phi0.1}\ \boxed{A}\ \boxed{C}\ \boxed{B}}\qquad \boxed{\odot\ \boxed{\phi0.1}\ \boxed{A-B}}\qquad \boxed{\begin{array}{c}-\ \ 0.1\\/\!/\ \ 0.1\ \ A\end{array}}$$

a)　　　　　　　　　　　　　　　　　　　　　b)

图 8-18　公差框格

a）单一公差　b）多个公差

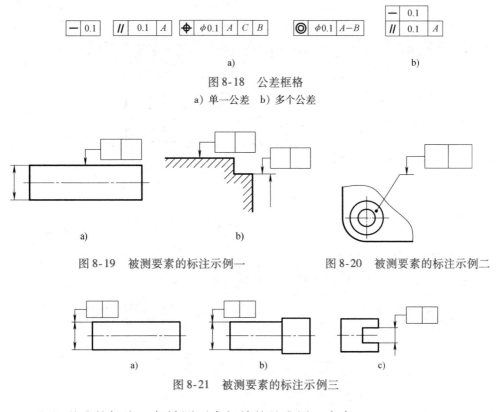

a)　　　　　　　b)

图 8-19　被测要素的标注示例一　　　　　　图 8-20　被测要素的标注示例二

a)　　　　　　　b)　　　　　　　c)

图 8-21　被测要素的标注示例三

（3）基准的标注　与被测要素相关的基准用一个大写字母表示，字母标注在基准方框内，与一个涂黑（图8-22a）的或空白（图8-22b）的三角形相连以表示基准。表示基准的字母还应标注在公差框格内，如图8-18所示。

1）当基准要素是轮廓线或轮廓面时，基准三角形放置在要素的轮廓线或其延长线上，并应与尺寸线明显错开，如图8-23所示。

图 8-22　基准符号

2）基准三角形也可放置在该轮廓面引出线的水平线上，如图8-24所示。

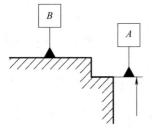

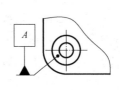

图 8-23　基准三角形的放置示例一　　　　图 8-24　基准三角形的放置示例二

3）当基准是尺寸要素确定的轴线、中间平面或中心点时，基准三角形应放置在该尺寸线的延长线上，如图 8-25 所示。如果没有足够的位置标注基准要素尺寸的两个尺寸箭头，则其中一个箭头可用基准三角形代替，如图 8-25b 所示。

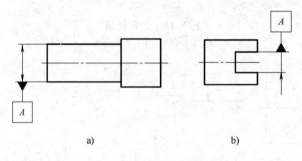

a)   b)

图 8-25   基准三角形的放置示例三

4. 几何公差的标注识读

零件图上几何公差标注识读如图 8-26 所示。

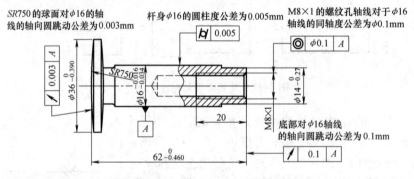

图 8-26   几何公差标注识读

第四节   零件图的识读方法

一、识读零件图的方法及步骤

作为一名技术工人，必须正确掌握识读零件图的方法。识读零件图，就是根据零件图分析并想象出零件的结构形状，了解零件的尺寸和技术要求等内容，以便在制造零件时能正确地采用相应的加工方法，达到图样上提出的要求。

看图的基本步骤是：看标题栏、看视图、分析尺寸和技术要求。其具体方法如下。

1. 看标题栏

通过标题栏可以知道零件的名称、图号、材料和比例等。了解零件的名称，可判别其属于哪一类零件，便于迅速看懂图样；了解零件的材料，可大致了解其加工方法，切削加工时应选用什么样的刀具；从比例中可以想象出零件的实际大小。

2. 看视图

先看主视图，再联系其他视图，分析图样中采用了哪些表达方法，如剖视图、断面图及规定方法等。然后通过对图形的投影分析，想象出零件的结构形状。

3. 分析尺寸

综合分析视图和形体结构，找出长、宽、高三个方向的主要尺寸基准。然后，从基准出发，以结构形状分析为线索，了解各形体的定形尺寸、定位尺寸等，搞清各个尺寸的作用。

4. 分析技术要求

对图中出现的各项技术要求，如表面粗糙度、尺寸公差、几何公差及热处理等加工方法的要求，要逐个进行分析，弄清它们的含义。

通过上述方法和步骤的分析，力求对零件有一个正确而全面的了解。应注意的是上述方法和步骤仅供初学者参考，在实际看图时不能机械照搬，必要时，还要通过装配图，弄清零件在机器或部件中的位置、功能及与其他零件的关系来读图，这样才能逐步提高识图能力。

二、四类零件图的识读要领

实际生产中遇到的零件种类繁多、结构多样、形状各异。为了便于学习，现根据零件的形状结构特征和视图表达方法等，将零件分为四大类：轴套类、盘盖类、叉架类和箱体类，见表8-8。

表 8-8　零件的分类

类　别	立　体　图　例		形状结构特征
轴套类	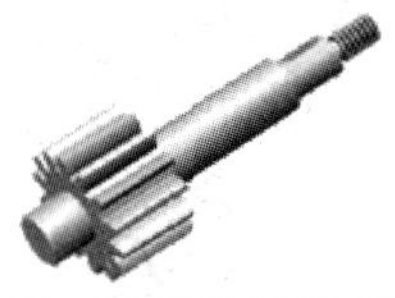	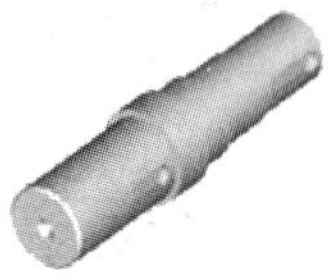	大部分表面为圆柱面，其上常有键槽、退刀槽、倒角、螺纹和销孔等结构
盘盖类	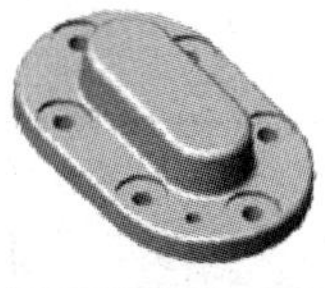		多数形状为同轴回转体，一般由铸锻毛坯加工而成，其上常有轮辐、键槽、螺孔等结构
叉架类			形状复杂多样，多由铸锻毛坯加工而成，一般有倾斜、弯曲的结构，主体为各种断面的筋板，工作部分常为孔、叉结构

（续）

类　　别	立体图例		形状结构特征
箱体类			一般由空心铸件毛坯加工而成，其上常有轴孔、螺孔、凸台、凹坑、筋板等结构

1. 轴套类零件图的识读

轴套类零件的主要加工工序是在车床和磨床等机床上进行的。选择主视图时，一般将其轴线水平放置，使其符合加工位置原则，垂直轴线的方向作为主视图的投射方向，反映轴向结构形状。

轴套类零件的主体部分是同轴的回转体，一般只用一个基本视图来表示其主要结构形状，常用局部剖视、移出断面、局部视图和局部放大图等来表示零件的内部结构和局部结构形状。

例1　读泵轴零件图，如图 8-27 所示。

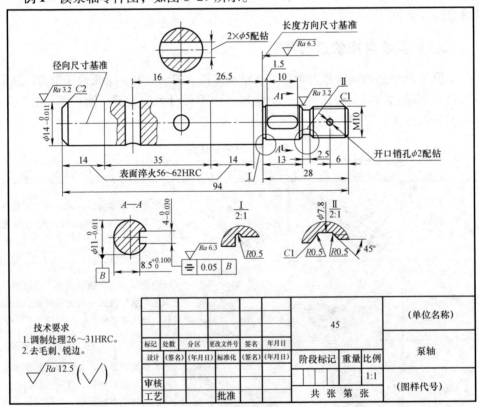

图 8-27　泵轴零件图

（1）看标题栏 零件名称为泵轴，采用1:1绘图比例，所用材料为45钢。通过零件的选材和所属类型，可初步判断该零件是通过车削、磨削等方法加工而成的。

（2）看视图 该零件采用五个图形来表达。水平放置的局部剖的主视图表达了零件的主要结构形状；两处局部放大图表达了退刀槽的局部结构；主视图上、下两处断面图分别表达了销孔、键槽的局部结构。该零件的主要形体是圆柱体，主要包括三个轴段，从右至左分析：第一个轴段上加工了外螺纹 M10 和销孔 ϕ2mm；第二个轴段加工了一个键槽；第三个轴段上加工了两个销孔 ϕ5mm。泵轴三维立体图如图 8-28 所示。

图 8-28 泵轴三维立体图

（3）分析尺寸 该零件以 ϕ14mm 的右轴肩为长度方向的主要尺寸基准，公共轴线为直径方向的尺寸基准。总长是 94mm，径向最大尺寸是 ϕ14mm。键槽的定位尺寸是 1.5mm，两处销孔 ϕ5mm 的定位尺寸分别是 25.6mm 和 16mm，销孔 ϕ2mm 的定位尺寸是 6mm。还要注意分析工艺结构尺寸，如退刀槽尺寸、倒角尺寸和倒圆尺寸等。

（4）分析技术要求 零件加工要求较高的表面是 ϕ11mm 和 ϕ14mm 圆柱面，其表面粗糙度值为 $Ra3.2\mu m$，要求不高的表面粗糙度值分别为 $Ra6.3\mu m$ 和 $Ra12.5\mu m$。ϕ14mm、ϕ11mm 以及键槽的宽度、深度应控制在上、下极限偏差之内。键槽两侧面对 ϕ11mm 轴线的对称度公差为 0.05mm。另外，图中还对表面提出了淬火、调质处理、去毛刺和锐边等技术要求。

2. 盘盖类零件图的识读

盘盖类零件的主要加工工序是在车床上进行的。选择主视图时，一般将零件的轴线水平放置，使其符合加工位置或工作位置。

盘盖类零件常有轮辐、键槽、连接孔等结构组成，一般用两个基本视图来表示其主要结构形状，再选用剖视图、断面图、斜视图和局部视图等来表示其内部结构和局部结构。

例2 读阀盖零件图，如图 8-29 所示。

（1）看标题栏 零件名称为阀盖，采用1:1绘图比例，所用材料为铸钢 ZG230-450。通过零件的选材和所属类型，可初步判断该零件是先铸造成毛坯，经时效处理后再切削加工而成的。

（2）看视图 该零件采用两个视图来表达。轴线水平放置的全剖的主视图，表达了右端的圆形凸缘，左端的外螺纹，两端的阶梯孔、中间通孔的形状及其相对位置。左视图用外形视图表达了带圆角的方形凸缘及其四个角上的通孔和其他可见轮廓形状。阀盖三维立体图如图 8-30 所示。

（3）分析尺寸 该零件以 ϕ50h11 的右端凸缘作为长度方向的尺寸基准，为此

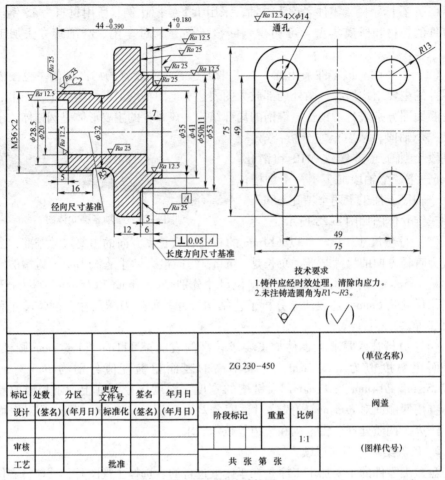

图 8-29　阀盖零件图

标注尺寸 4mm、44mm 以及 5mm、6mm 等。轴孔的轴线为直径方向的尺寸基准，也是标注方形凸缘的宽度和高度方向的尺寸基准。总长约为 48mm，总宽和总高都是 75mm。还要注意分析工艺结构尺寸，如倒角尺寸和圆角尺寸等。

（4）分析技术要求　阀盖加工的表面粗糙度要求不高，为 Ra12.5μm 和 25μm。标注为 φ50h11 的这段圆柱，表明与其他零件有配合要求。作为长度方向的主要尺寸基准的端面相对阀盖水平轴线的垂直度公差为 0.05mm。该零件是铸件，需要进行时效处理，消除内应力；视图中有小圆角（铸造圆角为 R1～R3mm）过渡的表面是不加工表面。

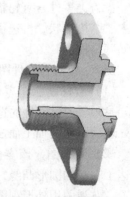

图 8-30　阀盖三维立体图

3. 叉架类零件图的识读

叉架类零件的结构形状一般较为复杂且不规则，常有倾斜、弯曲等几何结构。其加工工序较多，主要加工位置不明显，所以一般是按其工作位置来选择主视图，或使其主要孔的轴线水平或垂直放置。

叉架类零件一般用两个以上的基本视图来表示其主要结构形状，用局部剖视图、断面图、局部视图和斜视图等来表示其细部结构。

例3 读拨叉零件图，如图8-31所示。

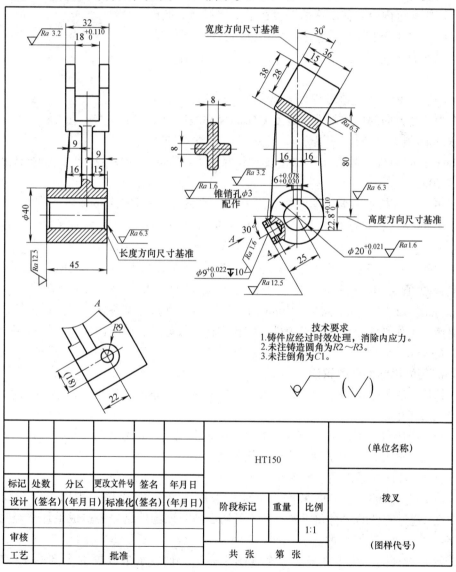

图8-31 拨叉零件图

（1）看标题栏　零件名称为拨叉，采用 1∶1 绘图比例，所用材料为铸铁 HT150。通过零件的选材和所属类型，可初步判断该零件是先铸造成毛坯，经时效处理后再切削加工而成的。

（2）看视图　该零件采用四个图形来表达。局部剖的主视图，表达了拨叉叉口、筋板、轴孔、轮毂等形状结构。左视图采用局部剖视图，表达了长方形叉口的实形、筋板与下部圆筒外表面的连接情况、凸台内部不通孔及锥销孔等内容。移出断面图表达了十字形筋板断面的形状。A 向局部斜视图表达了后下方凸台的实形、凸台与筋板的连接关系等。拨叉三维立体图如图 8-32 所示。

图 8-32　拨叉三维立体图

（3）分析尺寸　该零件以 $\phi 20^{+0.021}_{0}$ mm 轴孔的右端面作为长度方向的尺寸基准，宽度方向的尺寸基准是通过 $\phi 20$ mm 孔轴线的正平面，高度方向的尺寸基准是 $\phi 20$ mm 孔的轴线。拨叉叉口的主要定位尺寸是 15mm、30°、80mm。

（4）分析技术要求　零件加工要求最高的表面是 $\phi 20^{+0.021}_{0}$ mm 轴孔的孔表面、$\phi 9^{+0.022}_{0}$ mm 不通孔的孔表面、锥销孔 $\phi 3$ mm 的孔表面，其表面粗糙度值为 $Ra1.6\mu m$；拨叉两侧面、轮毂两侧面的表面粗糙度值为 $Ra3.2\mu m$；$\phi 20^{+0.021}_{0}$ mm 轴孔右端面、键槽底面、叉口底面的表面粗糙度值为 $Ra6.3\mu m$；其他加工表面的表面粗糙度值为 $Ra12.5\mu m$；其余表面是铸造表面，不需要加工。$\phi 20^{+0.021}_{0}$ mm、$6^{+0.078}_{+0.030}$ mm、$22.8^{+0.10}_{0}$ mm、$\phi 9^{+0.022}_{0}$ mm、$18^{+0.110}_{0}$ mm 这些尺寸都规定了一定的公差，以确保拨叉工作性能。该零件是铸件，需要进行时效处理，消除内应力；铸造圆角为 $R2 \sim R3$ mm。

4. 箱体类零件图的识读

箱体类零件的结构形状复杂，加工工序和加工位置的变化较多，一般按其工作位置来选择主视图。

箱体类零件一般需要三个或三个以上的基本视图来表示其内外结构形状，另外常选用断面图和局部视图等来表示其局部结构形状。

例 4　读座体零件图，如图 8-33 所示。

（1）看标题栏　零件名称为座体，采用 1∶2 绘图比例，所用材料为铸铁 HT200。通过零件的选材和所属类型，可初步判断该零件是先铸造成毛坯，经时效处理后再切削加工而成的。

（2）看视图　该零件采用三个视图来表达。轴线水平放置的全剖的主视图，表达了左右两端轴承孔和安装螺孔、中间不加工的圆柱孔、座体下部未画剖面线的筋板、底板底面贯通的凹槽等结构形状。左视图采用局部剖视图，表达了轴承孔左

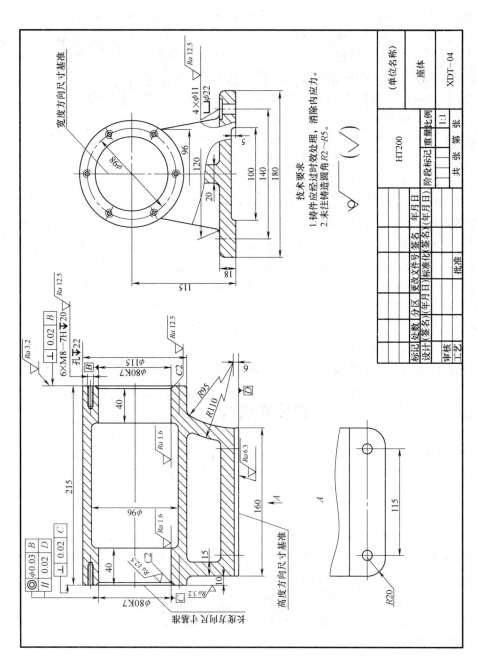

技术要求
1. 铸件应经过时效处理，消除内应力。
2. 未注铸造圆角R2~R5。

							(单位名称)		座体
									XDT—04
							HT200		比例 1:1
								阶段标记 重量	共 张 第 张
标记	处数	分区	更改文件号	签名	年月日				
设计			(签名)	(年月日)	标准化	(签名)	(年月日)		
审核									
工艺			批准						

图 8-33 座体零件图

端面的形状及螺纹安装孔的分布情况、筋板的厚度、底板的形状等内容。A 向局部视图是仰视图的一部分，表达了底板底面的形状、安装孔的位置及圆角形状等。座体三维立体图如图 8-34 所示。

图 8-34　座体三维立体图

（3）分析尺寸　该零件以左端面作为长度方向的尺寸基准，以前后对称面作为宽度方向的尺寸基准，以底板底面作为高度方向的尺寸基准。轴承孔中心线高度的定位尺寸是 115mm，左端 6 个安装螺孔均匀分布在 $\phi98$mm 中心圆上，底面沉孔的定位尺寸是 140mm 和 115mm。底座总长为 215mm，总宽为 180mm。还要注意分析工艺结构尺寸，如倒角尺寸和圆角尺寸等。

（4）分析技术要求　零件加工要求最高的表面是两段 $\phi80$K7 孔表面，其表面粗糙度值为 $Ra1.6\mu$m；左右两端面的表面粗糙度值为 $Ra3.2\mu$m；底板底面的表面粗糙度值为 $Ra6.3\mu$m；其他加工表面的表面粗糙度值为 $Ra12.5\mu$m；其余表面是铸造表面，不需要加工。轴承孔 $\phi80$K7 是保证过渡配合性质的重要尺寸，其必须通过公差带代号 K7 来保证。左端轴承孔 $\phi80$K7 的轴线对右端轴承孔 $\phi80$K7 的轴线的同轴度公差为 $\phi0.03$mm；左端轴承孔 $\phi80$K7 的轴线对底板底面的平行度公差为 0.02mm；左端面对左端轴承孔 $\phi80$K7 的轴线的垂直度公差为 0.02mm；右端面对右端轴承孔 $\phi80$K7 的轴线的垂直度公差为 0.02mm。该零件是铸件，需要进行时效处理，消除内应力；铸造圆角为 $R2 \sim R5$mm。

识图实训八

8-1　识读蜗杆轴零件图，想象立体形状，回答下列问题。

（1）该零件有_____处键槽，其槽宽和槽深分别是_____。

（2）该零件的轴向和径向尺寸的主要基准，轴向为_____，径向为_____。

（3）该零件上有_____处倒角结构，其尺寸是_____。

（4）该零件上有_____处退刀槽结构，其槽宽都是_____，而深度从左到右分别是_____。

（5）尺寸 M26×1.5 − 7g 中：M 表示_____代号，26 表示_____，1.5 表示_____，7 表示_____代号，g 表示_____代号，7g 表示_____代号，该螺纹是粗牙还是细牙？_____。

（6）尺寸 $\phi20 ^{+0.015}_{+0.002}$ 中：$\phi20$ 表示_____，上极限尺寸是_____，下极限尺寸是_____，上极限偏差是_____，下极限偏差是_____，公差值是_____。

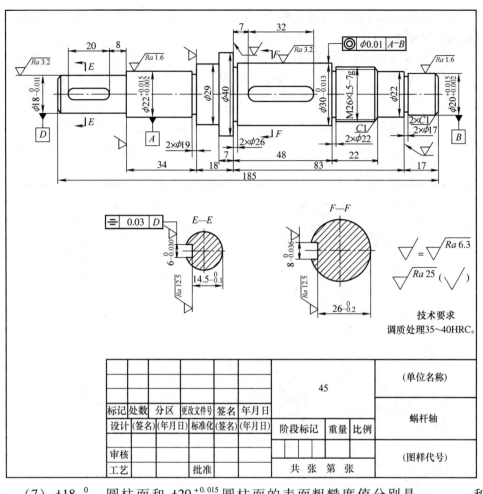

（7）$\phi18_{-0.011}^{0}$ 圆柱面和 $\phi20_{+0.002}^{+0.015}$ 圆柱面的表面粗糙度值分别是_____和_____，这说明_____圆柱面比_____圆柱面的表面质量要求高。

（8）在几何公差 ▭ 0.03 D 中：被测要素是_____，基准要素是_____，几何特征是_____，公差值是_____。

8-2 识读轴承盖零件图，想象立体形状，回答下列问题。

（1）该零件主视图采用的是_____剖切面，画的是_____视图，左视图采用的_____画法，B 叫_____视图。

（2）该零件采用的材料是_____。

（3）该零件的轴向尺寸主要基准是_____，径向尺寸主要基准是_____。

（4）尺寸 Rc1/4 中，Rc 表示用螺纹密封的_____管螺纹，1/4 表示_____代号。

（5）尺寸 2×1 表示_____结构，其中槽宽是_____、槽深是_____。

（6）该零件加工面中表面结构要求最高的表面粗糙度值是_____，要求最低的表面粗糙度值是_____。

（7）尺寸 φ58f9（$^{-0.030}_{-0.104}$）中，φ58 表示_____，f 表示_____，9 表示_____，f9 表示_____，上极限偏差是_____，下极限偏差是_____，上极限尺寸是_____，下极限尺寸是_____，公差值是_____。

（8）尺寸 $\frac{6\times\phi7}{\sqcup\phi11\overline{\top}4EQS}$ 中，6 表示_____，φ7 表示_____孔直径，符号⊔表示_____，φ11 表示_____，▽表示_____符号，4 表示_____，EQS 表示_____。

						HT200			（单位名称）
标记	处数	分区	更改文件号	签名	年月日				轴承盖
设计	(签名)	(年月日)	标准化	(签名)	(年月日)	阶段标记	重量	比例	
审核									(图样代号)
工艺			批准			共 张 第 张			

8-3 识读托架零件图，想象立体形状，回答下列问题。

（1）该零件主视图采用的是_____剖切面，画的是_____视图；俯视图采用的是_____视图，主要表现托架的_____和用细虚线表示左下方的_____结构，并采用了_____图来表示凹槽的形状；C 视图叫_____视图，其主要表示托架右方的_____结构。

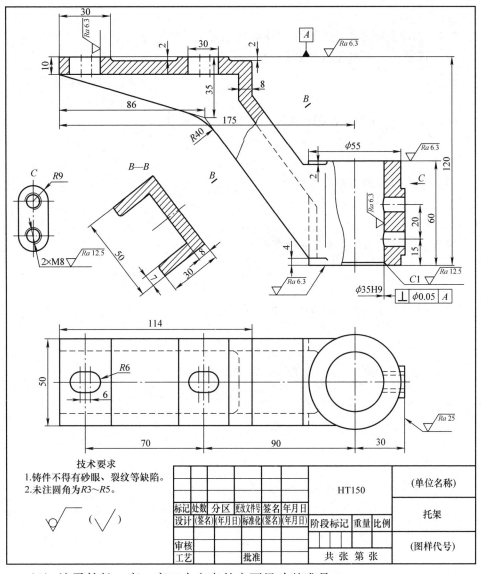

技术要求
1.铸件不得有砂眼、裂纹等缺陷。
2.未注圆角为R3～R5。

							HT150		（单位名称）
标记	处数	分区	更改文件号	签名	年月日				托架
设计	（签名）	（年月日）	标准化	（签名）	（年月日）	阶段标记	重量	比例	
审核									（图样代号）
工艺			批准			共 张 第 张			

（2）该零件长、宽、高三个方向的主要尺寸基准是：

长度方向为_____；

宽度方向为_____；

高度方向为_____。

（3）零件上方安装部位中的两个长拱形孔的定位尺寸是_____。

（4）在尺寸 $\phi35H9$ 中，$\phi35$ 表示_____，H 表示_____，9 表示_____，H9 表示_____。当把尺寸为 $\phi35k7$ 的轴装入该孔中时，所形成的配合为_____配合，采用的是基孔制还是基轴制配合？_____。

（5）解释图中几何公差的含义：_____

_____。

8-4　识读支座零件图，想象立体形状，回答下列问题。

（1）该零件采用的表达方法有哪些？

（2）视图 A—A 为何视图？画图时应注意哪些事项？

（3）指出零件的主要尺寸基准。

（4）图中尺寸 G1 的含义是什么？

（5）图中尺寸 M36×3 −7H 的含义是什么？

（6）4×φ10 孔的定位尺寸是什么？

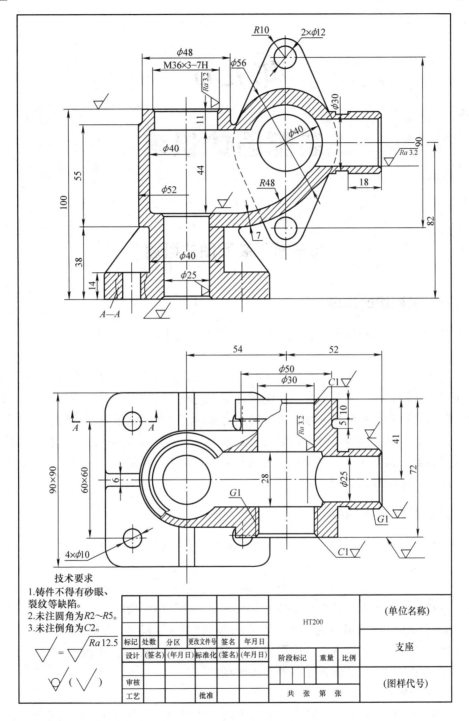

技术要求
1.铸件不得有砂眼、裂纹等缺陷。
2.未注圆角为R2～R5。
3.未注倒角为C2。

$\bigtriangledown = \bigtriangledown^{Ra\,12.5}$

$\bigtriangledown^{}$ ($\bigvee$)

标记	处数	分区	更改文件号	签名	年月日	HT200			(单位名称)
设计	(签名)	(年月日)	标准化	(签名)	(年月日)	阶段标记	重量	比例	支座
审核									
工艺			批准			共 张 第 张			(图样代号)

第九章

装配图的识读

第一节　装配图的概述

一、装配图的作用

装配图是表达机器或部件工作原理、整体结构形状及其零件之间装配关系的图样。

在设计新产品或更新改造旧设备时，一般都是先画出装配图，然后再根据装配图画出零件图；在产品制造中，装配图是制定装配工艺规程，进行装配以及零部件检验的技术依据；在使用或维修机器时，需要通过装配图了解机器的构造；在进行技术交流、引进先进设备时，装配图更是必不可少的技术资料。因此，装配图是反映设计构思、指导生产、交流技术的重要工具。作为技术工人，必须深刻理解装配图的作用，应能看懂装配图。

二、装配图的内容

图 9-1 所示为旋塞阀装配图，可知装配图应包括以下几方面的内容：

1. 一组视图

采用必要的视图、剖视图、断面图和其他各种表达方法，来表达机器或部件的工作原理、装配关系、连接及安装方式和主要零件的结构形状。

旋塞阀装配图采用了主、俯、左三个基本视图。主视图主要采用全剖画法，表达了工作原理、主要零件的结构形状和装配关系；俯视图进一步表达了结构形状；左视图采用半剖画法，表达了内外结构形状。

2. 必要的尺寸

装配图上标注的尺寸与零件图上的不同。装配图中主要标注机器或部件的规格（性能）尺寸、装配尺寸、安装尺寸、外形尺寸和其他重要尺寸等。

图 9-1 中 $\phi15\mathrm{mm}$ 是规格（性能）尺寸，$\phi35\mathrm{H}8/\mathrm{f}7$ 是装配尺寸，G1/2、35mm

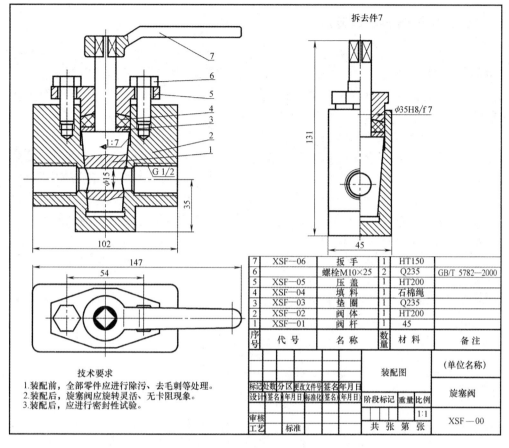

图 9-1　旋塞阀装配图

是安装尺寸，147mm、131mm、45mm 是外形尺寸，54mm 是其他重要尺寸。

3. 技术要求

用文字或符号说明机器或部件的性能，以及在装配、检验、调试、安装和使用中必须满足的各种技术要求。

从图 9-1 中的技术要求可知，旋塞阀在装配、调试、使用等方面提出了明确要求。

4. 零件序号、明细栏和标题栏

为了便于读图和生产管理，装配图中对每种零件都要编写序号，并编制明细栏，注写出零件的序号、代号、名称、数量、材料等。标题栏用来说明机器或部件的名称、图样代号、比例、设计者及设计单位等。

从图 9-1 中的可知，零件序号的编制和注写都要求按一定的顺序，明细栏、标题栏要能反映零件、机器或部件最基本的信息。

三、装配图的表达方法

零件图中所用的一切表达方法都适用于装配图，由于装配图表达的是机器或部件的整体结构而不只是单个零件的形状，所以在装配图中还有一些规定画法和特殊表达方法。作为机械初学者必须了解这些规定画法和特殊表达方法，才能看懂装配图。

1. 装配图中的规定画法

（1）接触面和配合面的画法　在装配图中，相邻两个零件的接触表面，或公称尺寸相同且相互配合的工作面，只画一条线，否则应画两条线，如图9-2所示。

（2）装配图中剖面线的画法　在装配图中，相邻两零件的剖面线要用不同的方向或不等的间隔来区分。同一零件在同一装配图的各个视图中，剖面线的方向和间隔应一致，如图9-2所示。

（3）剖视图中紧固件和实心件的画法　对于紧固件（如螺钉、螺栓、螺母、垫圈等）和实心零件（如键、销、轴、手柄等），当剖切平面通过其轴线时，这些零件均按不剖画出。当需要表达这些零件上的局部结构时，可采用局部剖视的方法，图9-5中螺杆上的矩形螺纹采用了这种方法。

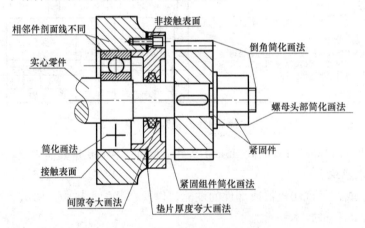

图9-2　装配图中的画法示例

2. 装配图中的特殊表达方法

（1）拆卸画法　在装配图中，当某些零件遮挡了所需表达的结构或装配关系时，可假想沿某些零件的结合面进行剖切或假想把某些零件拆卸后绘制。采用这种画法时，应在图形上方注明"拆去××"字样。图9-3中的俯视图就是沿件3和件4的结合面进行剖切所得的半剖视图；图9-1中左视图是拆去件7后所得。

（2）假想画法　当需要表达某些零件的运动范围或极限位置时，可用双点画线画出该零件的极限位置轮廓，如图9-4中螺杆升到最高位置时的上部形状就是用

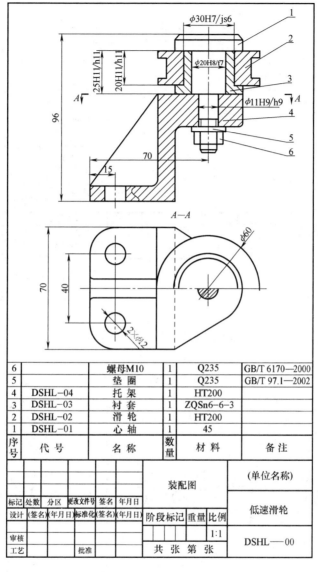

6		螺母M10	1	Q235	GB/T 6170—2000
5		垫 圈	1	Q235	GB/T 97.1—2002
4	DSHL-04	托 架	1	HT200	
3	DSHL-03	衬 套	1	ZQSn6-6-3	
2	DSHL-02	滑 轮	1	HT200	
1	DSHL-01	心 轴	1	45	
序号	代 号	名 称	数量	材 料	备 注

图 9-3 低速滑轮装配图

双点画线来表达的。

（3）夸大画法 某些薄片零件、微小间隙等，以它们的实际尺寸在装配图中难以明显表达时，可将这些形状不按比例而采用夸大的画法来表达。图 9-2 中垫片就采用了夸大画法，做了涂黑处理。

（4）零件的单独表示法 在装配图中，可用视图、剖视图或断面图等单独表达某个零件的结构形状，但必须在图形上方注明相应的表达方法。图 9-4 中就采用了 2:1 的局部放大图来表达矩形螺纹的形状。

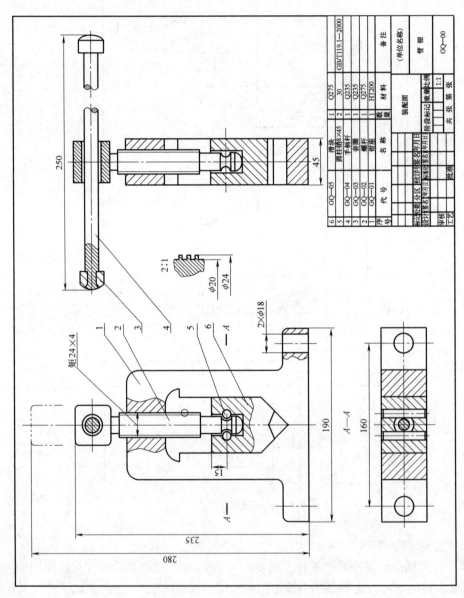

图 9-4　管 钳 装 配 图

（5）简化画法　装配图中对于多个相同的零件组，如螺钉、螺栓联接等，允许只画出一组，其余的用点画线表示出其位置即可，图9-2中螺钉联接就采用了简化画法。装配图中零件上的某些工艺结构，如倒角、圆角、退刀槽等允许省略不画，图9-2中的倒角、圆角等就采用了简化画法。

第二节　装配图的识读方法

通过识读装配图可使我们了解机器或部件的名称、性能规格和工作原理，了解零件的相互位置关系、装配关系，了解使用方法、装拆顺序以及零件的作用和主要零件的结构形状等。因此，对于一名技术工人，掌握识读装配图的方法并提高相应的识读能力是非常重要的。

一、识读装配图的方法及步骤

装配图要比零件图复杂得多，因此识读装配图应是一个由浅入深、由表及里、由此及彼的分析过程。下面就以图9-5所示千斤顶装配图为例来说明识读装配图的方法及步骤。

1. 概括了解

通过标题栏和明细栏可以了解机器或部件的名称、功用；了解每种零件的名称、数量、材料及其在装配图上的位置等。

图9-5所示千斤顶装配图表达的是用于简单起重的专用工具，名称为千斤顶。该工具由7种零件组成，其中标准件有2种，非标准件有5种。

2. 分析视图

分析装配图的视图表达方案，弄清各视图间的投影关系，明确各视图的表达重点以及零件之间的装配关系等。

因为主视图是表达机器或部件装配关系和工作原理较多的一个视图，所以在分析视图时，应以主视图为主，再对照其他视图。

由千斤顶装配图可知，该装配图由主视图一个基本视图，再配合用假想画法、零件的单独表示法来表达。主视图采用全剖画法表达了机器的装配关系、工作原理和零件的主要结构；主视图上部的局部剖视表达了螺杆的通孔形状、螺杆与铰杠的安装关系；主视图中部的局部剖视图表达了螺杆为矩形螺纹。主视图上方的双点画线表达了螺杆升到最高位置时的顶垫极限位置。A—A断面图表达了螺杆上部通孔处的内、外结构形状。千斤顶立体图如图9-6所示。

3. 分析尺寸

分析装配图中每个尺寸的类别和作用，对于装配尺寸还应进一步搞清楚是哪两个零件之间的配合，配合性质及其精度等。

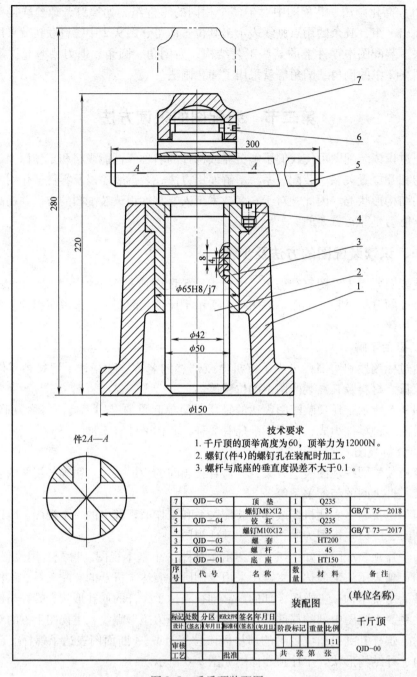

件2A—A

技术要求
1. 千斤顶的顶举高度为60，顶举力为12000N。
2. 螺钉（件4）的螺钉孔在装配时加工。
3. 螺杆与底座的垂直度误差不大于0.1。

7	QJD—05	顶 垫	1	Q235	
6		螺钉M8×12	1	35	GB/T 75—2018
5	QJD—04	铰 杠	1	Q235	
4		螺钉M10×12	1	35	GB/T 73—2017
3	QJD—03	螺 套	1	HT200	
2	QJD—02	螺 杆	1	45	
1	QJD—01	底 座	1	HT150	
序号	代 号	名 称	数量	材 料	备 注

					(单位名称)	
			装配图			
标记 处数 分区	更改文件号 签名 年月日				千斤顶	
设计	(签名) (年月日) 标准化	(签名)(年月日)	阶段标记	重量 比例		
审核				1:1		
工艺	批准		共 张第 张		QJD—00	

图9-5 千斤顶装配图

分析千斤顶装配图的尺寸可知，220mm 和 280mm 是规格（性能）尺寸，说明千斤顶的顶举高度为60mm；$\phi65H8/j7$ 是装配尺寸，说明底座与螺套之间采用的是间隙配合；$\phi150$mm、300mm、220mm 是外形尺寸；$\phi50$mm、$\phi42$mm、8mm、4mm

是其他重要尺寸。

4. 分析工作原理

在视图和尺寸分析的基础上，从主视图着手逐步搞清每个零件的主要作用和基本形状，是运动件还是固定件。对运动件应搞清运动方式及运动传递线路；对于固定件应搞清它们的联接固定方式及拆卸的可能性。由于大多数运动件还需要润滑，因此还应了解采用什么润滑方式、储油装置和密封装置等。综合以上分析，就可知道该机器或部件的工作原理和使用方法。

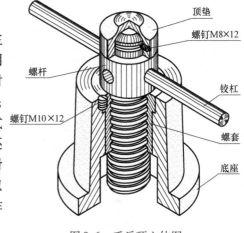

图 9-6　千斤顶立体图

千斤顶的工作原理是，用可调节力臂长度的铰杠带动螺杆在螺套中做旋转运动，螺旋作用使螺杆上升，装在螺杆头部的顶垫顶起重物。骑缝安装的螺钉 M10×12 阻止螺套回转，顶垫与螺杆头部以球面接触，其内径与螺杆有一定的间隙，既可减少摩擦力不使顶垫随同螺杆回转，又可自调使顶垫上平面与重物贴平；螺钉 M8×12 可防止顶垫脱出。

5. 分析装拆顺序

在分析工作原理后，还应进一步搞清其装拆方法和顺序。在拆卸时应注意，对不可拆和过盈配合的零件应尽量不拆，以免影响机器或部件的性能和精度。

千斤顶的组装顺序为：首先将螺套（件 3）装入底座（件 1），在螺套（件 3）与底座（件 1）的骑缝处旋紧螺钉 M10×12（件 4）；然后将螺杆（件 2）旋入螺套（件 3）的螺孔中；再就是将顶垫（件 7）放在螺杆（件 2）头部，在顶垫（件 7）的螺孔中旋入螺钉 M8×12（件 6）；最后将铰杠（件 5）装入螺杆（件 2）的通孔中。

千斤顶的拆卸顺序与组装顺序相反。

6. 读技术要求

了解对装配方法和装配质量的要求，对检验、调试中的特殊要求以及安装、使用中的注意事项等。

从图 9-5 的技术要求可知，千斤顶的顶举高度为 60mm，顶举力为 12000N，另外还提出了其他装配要求。

二、装配图识读举例

图 9-7 所示为铣刀头的装配图，下面结合图 9-8 所示的铣刀头的立体图，进一步讲述识读装配图的过程。

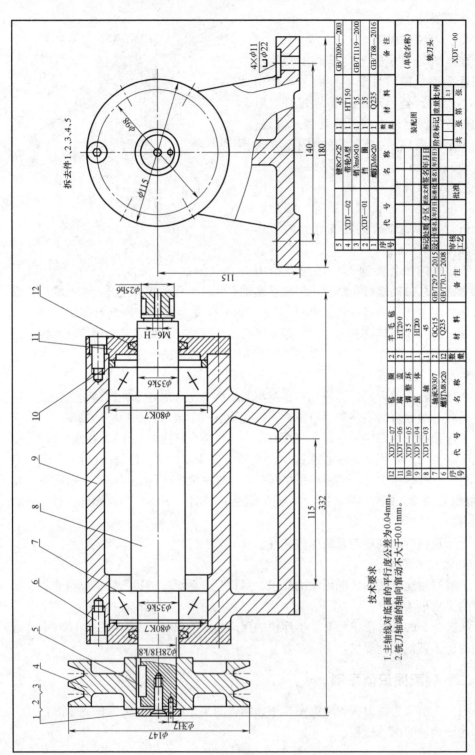

图 9-7 铣刀头装配图

组装图

分解图

图 9-8　铣刀头立体图

1. 概括了解

通过阅读标题栏，可以了解到该部件是铣刀头，绘图比例是 1:1，所以铣刀头的实际大小和图形的大小一样。通过阅读明细栏，可以了解到该部件由 12 种共 26 个零件组装而成，其中标准件有 5 种共 17 个零件，非标准件有 7 种共 9 个零件。

2. 分析视图

由铣刀头装配图可知，该装配图采用了两个基本视图，即主视图和左视图。主视图为全剖视图，表达了铣刀头装配干线上零件间的装配关系、运动的传递、工作原理和主要零件的结构形状；在轴的两端作局部剖视，用于表达键、螺钉、销等与轴的联接情况。左视图采用拆卸画法和局部剖，主要反映座体的结构形状及其底板上安装孔的情况。

3. 分析尺寸

在铣刀头装配图中，铣刀头的中心高 115mm（竖直方向标注的尺寸）是性能（规格）尺寸，它反映所能加工的工件最大高度。$\phi 28H8/k8$ 是 A 型带轮 4 与轴 8 的装配尺寸，说明这两个零件的配合属于基孔制过渡配合。$\phi 80K7$ 是座体 9 与轴承 7 外圈的装配尺寸，$\phi 35k6$ 是轴 8 与轴承 7 内圈的装配尺寸，$\phi 3H7$ 是挡圈 2 与销 3

的装配尺寸，由于这三处尺寸反映的是与标准件配合的零件的配合要求，故图中仅标注该零件的公差带代号。底板上的孔 $4 \times \phi 11 \text{mm}$ 及其定位尺寸 140mm、115mm 是安装尺寸；轴 8 的右端尺寸 $\phi 25 \text{h6}$ 也是安装尺寸，它们为用户选用提供了设计参数。332mm、180mm、$115\text{mm} + \dfrac{147}{2}\text{mm}$ 是外形尺寸，为包装、运输、安装等提供参考数据。带轮计算直径 $\phi 147\text{mm}$、端盖最大直径 $\phi 115\text{mm}$ 和表达螺钉 6 位置的 $\phi 98\text{mm}$，是其他重要尺寸。

4. 分析工作原理

铣刀头是安装在机床上的一种专用部件，供装铣刀盘用。工作原理是动力通过 A 型带轮 4 经键 5 传递到轴 8，然后由轴通过键传递给铣刀盘，从而进行铣削加工。

轴 8 由两副圆锥滚子轴承 7 及座体 9 支承，用端盖 11 及调整环 10 来调节轴承的松紧及轴的轴向位置；两端盖用螺钉 6 与座体连接，端盖内装有毡圈 12，紧贴轴 8 起密封防尘作用；带轮 4 通过键 5 安装在轴的左端，并由挡圈 2、螺钉 1 及销 3 来实现轴向固定；轴的右端与铣刀盘连接。

5. 分析装拆顺序

铣刀头的安装顺序：首先，将左端的轴承安装到轴的左轴肩，把左端的轴承装入座体中，将套有毡圈的端盖（左端）装入座体并用螺钉与座体连接；其次，将右端的轴承安装到轴的右轴肩，在座体内装上调整环，把套有毡圈的端盖（右端）装入座体并用螺钉与座体连接；再者，用键将轴的左端与带轮连接起来；最后，用销和螺钉将挡圈紧固到轴上。

铣刀头的拆卸顺序与安装顺序相反。

6. 读技术要求

通过铣刀头的技术要求可知，该部件的技术要求主要有两项：主轴线对底面的平行度公差为 0.04mm，铣刀轴端的轴向窜动不大于 0.01mm。

读图的过程是一个综合思维的过程，必须根据装配图的内容和特点，灵活运用。特别是在分析各种机器或部件的工作原理时，往往要涉及其他专业知识。所以，在识读装配图的过程中，应多参阅一些相关资料、说明书等，以便获得更好的读图效果。

识图实训九

9-1 识读装配图，完成填空。

（1）该装配体的名称是_____，由_____种共_____个零件组成，其中标准件有_____种。

（2）该装配体用了_____个图形表达，其中主视图采用了_____，左视图采用了_____。

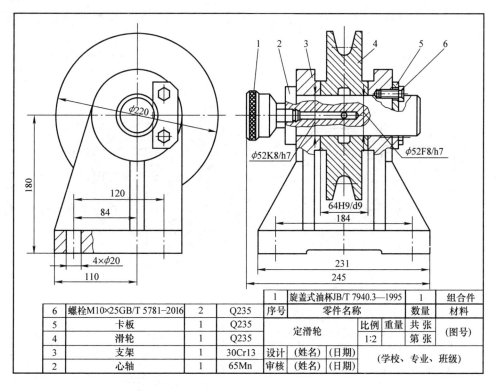

1	旋盖式油杯JB/T 7940.3—1995		1	组合件
6	螺栓M10×25GB/T 5781-2016	2	Q235	序号	零件名称	数量	材料

6	螺栓M10×25GB/T 5781-2016	2	Q235
5	卡板	1	Q235
4	滑轮	1	Q235
3	支架	1	30Cr13
2	心轴	1	65Mn
序号	零件名称	数量	材料

序号	零件名称	数量	材料
定滑轮	比例	重量	共 张
	1:2		第 张	(图号)
设计	(姓名)	(日期)	(学校、专业、班级)
审核	(姓名)	(日期)	

（3）卡板 5 的作用是＿＿＿＿＿＿＿＿＿＿＿＿＿＿＿＿＿＿＿。

（4）心轴内部开有轴向和径向的圆孔，其作用是＿＿＿＿＿＿＿＿＿＿＿＿＿＿

＿＿＿＿＿＿＿＿。

（5）尺寸 $\phi52F8/h7$ 是＿＿＿＿＿号零件和＿＿＿＿＿＿号零件的＿＿＿＿＿尺寸，它

们属于＿＿＿＿＿配合；尺寸 64H9/h9 是＿＿＿＿＿＿号零件和＿＿＿＿＿＿号零件的

＿＿＿＿＿尺寸，它们属于＿＿＿＿＿配合；尺寸 $\phi52K8/h7$ 是＿＿＿＿＿号零件和

＿＿＿＿＿号零件的＿＿＿＿＿尺寸，它们属于＿＿＿＿＿配合。

（6）支架底板上有＿＿＿＿＿个安装孔，其尺寸为＿＿＿＿＿，它们的定位尺寸

为＿＿＿＿＿＿＿＿。

（7）该装配体的总体尺寸为：长＿＿＿＿＿、宽＿＿＿＿＿、高＿＿＿＿＿。

9-2 识读装配图，完成填空。

（1）该装配体的名称是＿＿＿＿＿，由＿＿＿＿＿种共＿＿＿＿＿个零件组成。

（2）该装配体主视图采用了＿＿＿＿＿＿＿＿＿＿＿。

（3）尺寸 $\phi48H7/f6$ 是＿＿＿＿＿号零件和＿＿＿＿＿＿号零件的＿＿＿＿＿尺寸，它

们属于＿＿＿＿＿配合；尺寸 $M36\times2-6H/6f$ 是＿＿＿＿＿号零件和＿＿＿＿＿＿号零件

的＿＿＿＿＿尺寸，它们属于＿＿＿＿＿配合。

（4）尺寸 $M36-6g$ 的含义是＿＿＿＿＿＿＿＿＿＿＿＿＿＿＿＿＿。

（5）4 号零件有_____个安装孔，其尺寸为_____，它们的定位尺寸为_____。

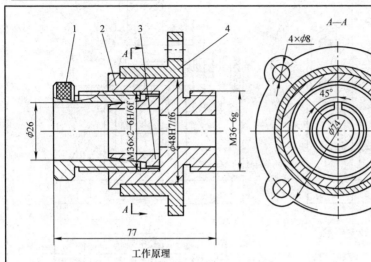

工作原理

将线穿入开口衬套3中，然后旋转手动压套1，通过螺纹M36×2使手动压套1向右移动，沿锥面接触使开口衬套3向中心收缩，从而夹紧线体。夹紧线体后，开口衬套3还可以与手动压套1和夹套2一起在盘座4的φ48孔中旋转。

技术要求

1.装配前，全部零件应进行除污、去毛刺等处理。
2.装配后，旋塞应旋转灵活、无卡阻现象。
3.装配后，应进行密封性试验。

4	盘座	1	45
3	开口衬套	1	Q235
2	夹套	1	Q235
1	手动压套	1	Q235
序号	零件名称	数量	材料

夹线体		比例	重量	共 张	（图号）
		1:1		第 张	
设计	（姓名）	（日期）	（学校、专业、班级）		
审核	（姓名）	（日期）			

参 考 文 献

[1] 何铭新，钱可强. 机械制图 [M]. 5 版. 北京：高等教育出版社，2006.

[2] 刘朝儒，彭福荫，高政一. 机械制图 [M]. 4 版. 北京：高等教育出版社，2000.

[3] 杨君伟. 机械识图 [M]. 北京：机械工业出版社，2009.

[4] 车世明. 机械识图 [M]. 北京：清华大学出版社，2009.

[5] 马德成. 机械图样识读 [M]. 北京：化学工业出版社，2010.

[6] 李磊，刘娟，唐日晶. 青工机械识图速成 [M]. 济南：山东科学技术出版社，2007.

[7] 徐淼. 机械识图入门 [M]. 合肥：安徽科学技术出版社，2006.

[8] 孙开元，李长娜. 机械制图新标准解读及画法示例 [M]. 2 版. 北京：化学工业出版社，2010.

[9] 赵大兴，高成慧，谭跃进. 现代工程图学教程 [M]. 6 版. 武汉：湖北科学技术出版社，2009.

[10] 全国技术产品文件标准化技术委员会，中国标准出版社第三编辑室. 技术产品文件标准汇编：机械制图卷 [G]. 2 版. 北京：中国标准出版社，2009.

[11] 王静，孟冠军. 典型机械图识读 220 例 [M]. 北京：化学工业出版社，2013.

[12] 吴学农. 机械制图识图思维规律及基本功训练 [M]. 北京：机械工业出版社，2013.

[13] 周明贵. 机械制图与识图实例教程 [M]. 2 版. 北京：化学工业出版社，2015.

[14] 金乐，刘永田. 机械制图与识图化难为易 [M]. 北京：化学工业出版社，2016.